KB253188

온실가스배출권거래제: 탄소중립의 해법인가, 면죄부인가

EU 탄소국경조정제도와
2035 NDC의 솔루션을 담은
대한민국 기후 리포트

온실가스배출권거래제:
탄소중립의 해법인가, 면죄부인가

EU 탄소국경조정제도와
2035 NDC의 솔루션을 담은
대한민국 기후 리포트

초판 1쇄 발행 2026년 2월 25일

저자 남광희

펴낸이 서연남
펴낸곳 ㈜도서출판 이음
편집주간 원상호
디자인 김수진
출판등록 제419-2017-00013호
주소 26404 강원 원주시 흥업면 한라대길 28, 한라대학교 창업보육센터 203호
전화 033-761-3223   **팩스** 033-766-8750
전자우편 iumbook@naver.com   **인스타그램** @iumbook

값 18,000원
ISBN 979-11-996873-2-5

이 책은 국립부경대학교 자율창의학술연구비(2024년)에 의하여 연구되었음

온실가스배출권거래제:

탄소중립의 해법인가, 면죄부인가

저자 **남광희**

EU 탄소국경조정제도와
2035 NDC의 솔루션을 담은
대한민국 **기후 리포트**

(주)도서출판 이음

프롤로그

기후 위기라는 거대한 파고 앞에서 대한민국은 지금 중대한 기로에 서 있다. 제조업 중심의 산업 구조라는 현실에 안주하며 고탄소 '회색 성장'의 늪에 머물 것인가, 아니면 실용적인 탄소중립 정책을 돛 삼아 '저탄소 녹색 성장'의 바다로 힘차게 나아갈 것인가. 이 책을 통해 일관되게 강조해 온 답은 명확하다. 기후 위기는 우리에게 닥친 '재앙'인 동시에, 4차 산업혁명 시대에 녹색산업을 선도할 수 있는 '최고의 기회'이기도 하다.

대한민국 탄소중립의 심장인 '온실가스배출권거래제'가 제 기능을 발휘할 때 우리 기업들은 비로소 글로벌 탄소 무역 장벽을 넘을 수 있는 체력을 갖추게 될 것이다. 탄소에 정당한 가격을 매기는 것은 규제가 아니라 우리 경제의 체질을 바꾸고 미래 세대에게 지속 가능한 삶을 물려주기 위한 약속이다. 이 책이 제시한 정책적 제언들이 대한민국이 기후 위기 시대의 새로운 주인공으로 거듭나는 작은 길잡이가 되기를 간절히 소망한다.

35년이라는 긴 시간 동안 공직에 몸담으며 기후변화라는 거대한 화두와 마주해온 저에게 이 책은 단순히 종이 위에 쓰인 글 이상의 각별한 의미를 지닌다.

첫째는 기록과 기념이다. 1991년 공직에 첫발을 내디딘 후 처음으로 집필한 이 책은 저의 공직 인생을 정리하고 기념하는 작업이다. 특히 대통령실 녹색성장위원회 기후변화대응국장과 환경부 기후대기국장으로서 아시아 최초의 온실가스배출권거래제(K-ETS)를 법률부터 시행령, 배출권거래소 지정까지 직접 설계했던 실무 책임자로서의 경험과 고뇌를 이 책에 고스란히 녹여냈다.

둘째는 성찰과 정리이다. 공직을 떠나 지난 6년간 국립부경대학교에서 환경과학과 환경정책을 강의하며 학생들과 소통해왔다. 강단에서의 시간은 현장의 경험을 이론적으로 체계화하고, '기후변화'라는 인류 공동의 과제에 대한 저의 평소 생각을 정리하는 소중한 매듭의 시간이 되었다.

셋째는 현장의 목소리이다. 부산광역시 2050 탄소중립녹색성장위원회 활동을 통해 국가의 거대 담론이 지역이라는 구체적인 현장에서 어떻게 작동하고 부딪히는지 목격했다. 이 책은 중앙정부의 설계도와 지역 현장의 실행력 사이의 간극을 메우기 위한 실천적 고민의 산물이다.

마지막으로 이 책을 쓴 가장 절박한 이유는 '실용'에 대한 갈구이다. 그동안 우리나라는 정권의 변화에 따라 기후 정책이 좌우로 요동치는 안타까운 모습을 보여왔다. 기후 위기는 이념의 문제가 아니라 국가 생존의 문제이다. 4차 산업혁명 시대에 탄소중립은 한국 경제에 새로운 녹색산업 생태계를 창출할 돌파구이다. 보수 정부에서 온실가스배출권거래제를 도입했듯, 진보 정부에서도 재생에너지 확대와 함께 원전을 전향적으로 수용하는 유연함이 필요하다. 그런 면에서 최근 정부가 원전 건설에 대한 국민의 목소리를 듣고 신규 원전 계획을 그대로 추진하기로 결정한 것은 실용적 기후정책으로 가는 매우 의미 있는 진전이라고 생각한다.

대한민국 기후 대책의 핵심은 단연 '온실가스배출권거래제'이다. 국가 배출량의 74%를 담당하는 이 제도가 시장 기능을 회복할 때 비로소 2035 국가온실가스목표(NDC)도 달성 가능해진다.

유상할당을 통해 확보된 재원은 '정의로운 전환'을 위한 기후대응기금의 든든한 마중물이 될 것이며, 제대로 작동하는 탄소 가격은 EU 탄소국경조정제도(CBAM)라는 거센 파도를 넘는 강력한 방패가 되어줄 것이다.

더 나아가 한국의 온실가스배출권거래제가 중국, 일본과 연계되어 '동북아 탄소시장'이라는 거대 블록을 형성할 때 대한민국은 기후변화 시대의 새로운 주인공으로 거듭날 것이라 확신한다. 부족한 이 글이 우리 사회가 소모적인 이념 논쟁을 끝내고 우리 실정에 맞는 실용적인 기후변화 대책을 수립하는 데 작은 밑거름이 되기를 소망한다.

책의 제목을 『온실가스배출권거래제: 탄소중립의 해법인가, 면죄부인가』로 정하기까지 참으로 많은 고민이 있었다. 당초 온실가스배출권거래제를 설계할 때만 하더라도 저는 이 제도가 대한민국 탄소중립을 향한 가장 강력하고 효율적인 '해법'이 될 것이라 확신했다.

하지만 현실의 벽은 높았다. 산업계와 유관 부처 등 친시장 연합과의 치열한 협의 과정에서 무상할당 비율은 높아졌고, 시행 시기는 늦춰졌다. 법률안이 초안보다 대폭 후퇴하자 친환경 연합의 한 축인 NGO 측으로부터 "기업들에 탄소를 배출할 권리만 정당화해 주는 유명무실한 제도"라는 날카로운 비판이 쏟아졌다. 솔직히 고백하건대, 당시 실무 책임자였던 저조차 '자칫 이 제도가 환경적 성과 없이 기업들에 면죄부만 주는 도구로 전락하지 않을까' 하는 깊은 우려와 밤잠을 설치며 고뇌하기도 했다.

그럼에도 불구하고 제가 이 제도의 도입을 밀어붙였던 이유는 완벽하지 않더라도 '시작'하는 것 자체가 중요하다고 믿었기 때문이다. 온실가스배출권거래제 도입은 고탄소 경제에 익숙했던 대한민국이 저탄소 경제로 나아가는 거대한 물꼬를 트는 결정적 계기가 될 것이라 믿는다. 비록 NGO의 비판처럼 일부 후퇴는 있었으나 산업계의 현실을 수용하면서도 제도의 핵심 기능인 '탄소의 가격화'를 살려내기 위해 한국적 상황에 맞는 독창적인 설계를 이어갔다.

정권이 바뀔 때마다 배출권 가격이 요동치고, 이 제도를 둘러싼 '해법'과 '면죄부' 사이의 논란은 지금도 계속되고 있다. 그러나 이 논란 속에서도 분명한 사실은 이 제도가 도입된 이후 한국의 온실가스 배출량이 비로소 꾸준히 감소하는 궤도에 진입했다는 점이다. 여전히 낮은 배출권 가격과 과도한 무상할당 비중 등 개선해야 할 과제가 많지만 우리가 이 제도를 멈추지 않고 다듬어

나간다면 온실가스배출권거래제는 결국 대한민국 2050 탄소중립을 현실로 만드는 가장 실용적이고 강력한 '해법'으로 증명될 것이다.

혹자는 지금의 국제 정세를 보며 반문할지도 모른다. 트럼프 대통령의 파리협정 재탈퇴 선언과 러-우 전쟁으로 인한 유럽의 에너지 정책 후퇴 등 세계가 탄소중립과는 정반대 방향으로 역행하고 있는 상황에서 온실가스배출권거래제를 논하는 것이 너무 '한가한 소리' 아니냐는 지적이다.

하지만 저는 단호히 말씀드리고 싶다. 정치적 기류는 일시적으로 변할 수 있어도 기후변화라는 '과학의 진실'은 변하지 않는다. 수백 년 만의 기록적인 폭염과 홍수, 가뭄이라는 극단적인 기후 재난은 지금 이 순간에도 인류의 생존을 위협하며 가속화되고 있다. 기후 위기 대응은 정치적 선택의 문제가 아니라 거스를 수 없는 '실존의 문제'이기 때문이다.

오히려 지금의 정체기는 그동안 속도 조절에 급급했던 우리에게 '미루어 둔 숙제'를 제대로 마칠 수 있는 역설적인 기회가 될 수 있다. 폭풍 전야의 고요함 속에서 우리가 차분히 내실을 다질 때 비로소 EU의 탄소국경조정제도(CBAM)라는 실질적인 무역 장벽을 넘고, 조만간 다시 정상화될 글로벌 탄소중립 흐름에서 대한민국이 주도적인 역할을 수행할 수 있을 것이다. 위기 속에서 기회를 포착하는 것, 그것이 바로 이 책이 독자 여러분과 나누고자 하는 실용적 생존 전략의 핵심이다.

책을 마무리하며 저의 삶과 이 책의 탄생에 든든한 버팀목이 되어주신 분들께 머리 숙여 감사를 전하고 싶다. 무엇보다 제가 공직 생활을 마무리하고 국립부경대학교에서 학문적 깊이를 더할 수 있도록 이끌어주신 총장님과 학교 관계자분들께 깊은 감사를 드린다. 대학의 전폭적인 지원이 없었다면 현장의 경험을 이론으로 체계화하는 이 작업은 불가능했을 것이다.

그리고 대통령실 녹색성장위원회 재직 시절 온실가스배출권거래제의 성공적인 도입을 위해 불철주야 함께 고생했던 서진희 국장님(현 해양수산부)을 비롯한 동료 여러분과 이 제도의 탄생에 산파 역할을 한 환경부 기후변화대응팀 관계자분들께 감사의 마음을 전한다. 여러분의 헌신이 있었기에 아시아 최초의 제도 설계라는 대업이 가능했다.

또한 6년이라는 시간 동안 부산이라는 낯선 곳에서 객지 생활을 하는 남편을 묵묵히 뒷바라지하며 곁을 지켜준 사랑하는 최은

옥 님, 큰 아들과 며느리, 작은 딸에게 고맙고 미안한 마음을 전한
다. 당신들의 사랑이 저를 지탱해준 가장 큰 힘이었다.

마지막으로 공직 인생의 고비마다 따뜻하게 감싸주신 주님의
은총과 어머님의 사랑에 깊이 감사드린다. 아무런 연고도 없던
저를 부산의 국립부경대학교로 인도하시고, 외로울 수 있었던 용
당 캠퍼스 생활 속에서 까마귀 '까뮈'와 길고양이 자매 '와플',
'워플'이라는 소중한 작은 생명들을 친구로 만나게 해주신 그 세
심한 배려와 은혜를 잊지 않겠다.

대한민국의 내일이 맑고 푸르기를, 그리고 우리가 내디딘 이 작
은 걸음들이 모여 거대한 녹색의 물결을 이루기를 기도하며 글을
맺는다.

— **국립부경대학교 용당캠퍼스 연구실에서 남광희**

차 례

제1장 기후변화와 한국에 미치는 영향

제4장   한국 온실가스배출권거래제(K-ETS)의
         주요 내용 및 특징

제5장   탄소국경조정제도의 파고를 넘어
         탈탄소 강국으로

온실가스배출권거래제:
탄소중립의 해법인가, 면죄부인가

EU 탄소국경조정제도와
2035 NDC의 솔루션을 담은
대한민국 기후 리포트

제1장

기후변화와
한국에 미치는 영향

단순한 기상 이변을 넘어 시스템의 붕괴로

화석연료 문명의 역설과 '기후 부채'

임계점을 넘은 지구, 뉴 노멀(New Normal)이 된 재난

아열대화와 가중되는 사회적 비용

기후 전망과 미래 세대의 권리

🔍 기후 상식 돋보기 **소 방귀세의 진실과 글로벌 메탄 서약 탄생 비화**

🔍 기후 상식 돋보기 **기후의 언어, 시대를 비추는 거울**

단순한 기상 이변을 넘어 시스템의 붕괴로

1   기후와 날씨의 구분

기후변화에 관한 담론에서 흔히 발생하는 오류 중 하나는 '날씨(Weather)'와 '기후(Climate)'를 혼동하는 것이다. 날씨가 특정 시점과 장소에서 나타나는 일시적인 기상 현상이라면, 기후는 최소 30년 이상의 장기간에 걸쳐 나타나는 평균적인 기상 상태를 의미한다. 우리가 겪고 있는 것은 단순히 '운 나쁘게 비가 많이 오는 날씨'가 아니라, 인류 문명을 지탱해 온 지구의 '평균적 시스템'이 이동하고 있는 기후의 변동이다.

'기후변화의 국제정치'에서 한희진이 지적하듯 날씨와 기후의 구분이 중요한 이유는 기후 회의론자들이 흔히 "어느 해는 유난히 추웠으니 지구가 더워지는 것은 거짓말이다"라는 식의 날씨 데이터를 가져와 기후의 흐름을 왜곡하기 때문이다. 하지만 과학적 데이터는 명확하다. 지구는 지금 자연적인 변동의 범위를 완전히 벗어나 인간이 예측할 수 없는 새로운 물리적 환경으로 진입하고 있다.

아울러 기후와 관련된 몇 가지 용어를 구분할 필요가 있다. 먼저 긴 시간 동안의 평균값에서 약간의 변화를 보이지만 평균값을 크게 벗어나지 않는 자연적인 기후의 움직임을 '기후변동(Climate Variability)'이라고 한다. 그러나 이와 같은 자연적 기후변동의 범위를 벗어나 더 이상 평균적인 상태로 돌아오지 않는 평균 기후계의 변화를 '기후변화(Climate Change)'라고 한다. 기존의 자연적인 기후변동의 범위를 벗어나서 인간 활동으로 인해 발생하는 기후변화는 화석연료를 태워 열을 가두는 온실가스 배출이 가장 큰 역할을 한다.

한편 '지구온난화(Global Warming)'는 지구의 장기적인 온도상승을 의미하며, '기후변화'는 '지구온난화'를 포함하면서 온난화에 의해 발생하는 광범위한 결과들도 포함한다. 이것은 해수면 상승, 산악빙하의 축소, 식물의 개화시기의 변화 등을 포함한다.

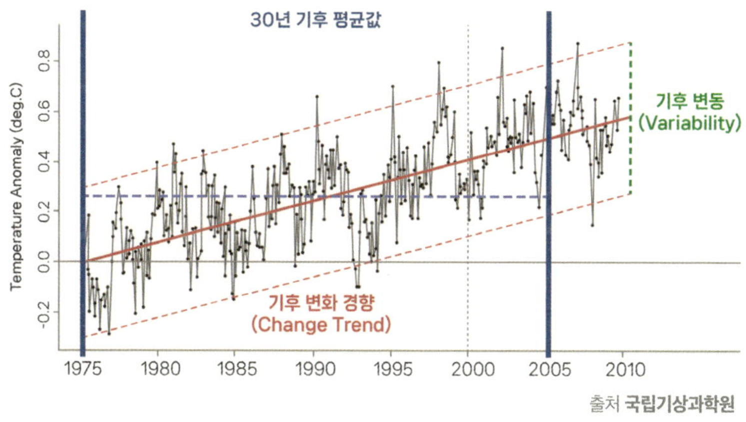

출처 **국립기상과학원**

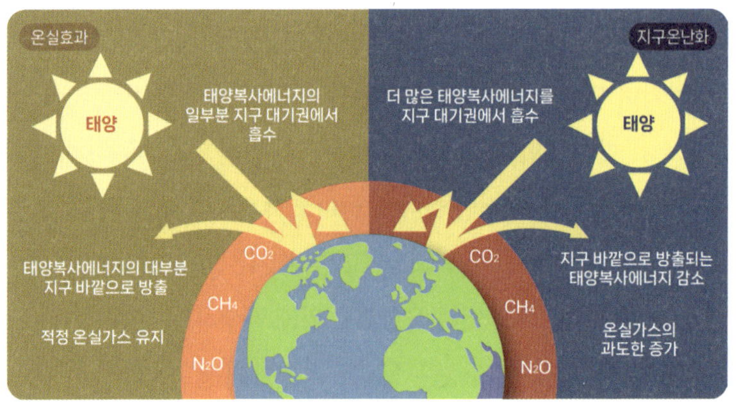

출처 탄소중립 정책포털

2 기후 모델링이 증명하는 '인위적' 기후 위기

기후변화가 인간의 활동에 의한 것인지에 대한 논란은 '기후 모델링(Climate Modeling)'을 통해 종식되었다. 과학자들은 대기, 해양, 지표면의 상호작용을 컴퓨터 시뮬레이션으로 구현하여 두 가지 시나리오를 비교했다. 태양 활동의 변화나 화산 폭발 등 자연적인 변동만을 입력한 자연적 요인 시나리오의 경우, 지난 100년간의 가파른 온도 상승은 전혀 재현되지 않았다. 그러나 인류가 배출한 온실가스 데이터를 추가한 인위적 요인 포함 시나리오에서는 비로소 실제 관측된 온도 상승 곡선과 일치하는 결과가 도출되었다(다음 표 참고).

이는 현대의 기후 위기가 '지구의 자연스러운 주기'라는 주장이 과학적 근거가 없음을 보여주며, 인류가 배출한 온실가스가 기후 시스템의 복원력을 파괴했다는 단호한 결론을 뒷받침한다.

< 기후모델링 결과와 관찰된 기온 비교 >

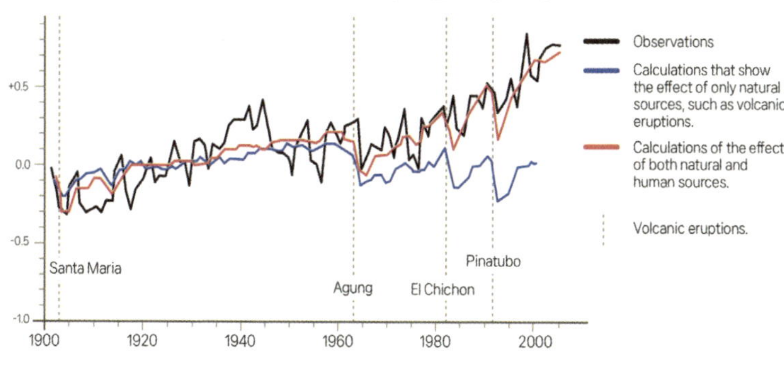

출처 Hegerl and Zweirs (2011) Use of models in detection & attribution of climate change, WIREs Climate Change.

3   킬링 곡선이 보여주는 경고

기후변화의 실체를 가장 직관적으로 보여주는 지표는 대기 중 이산화탄소(CO_2) 농도의 변화를 나타내는 '킬링 곡선(Keeling Curve)'이다. 이 곡선은 산업화 이전 약 80만 년 동안 280ppm 수준을 유지하던 이산화탄소 농도가 18세기 산업혁명 이후 폭발적으로 상승했다는 사실을 보여주고 있다. 2025년 현재 관측된 수치는 420ppm을 상회하며 인류 역사상 최고치를 경신하고 있다. 이는 지난 80만 년 동안 지구 대기가 단 한 번도 경험하지 못한 미지의 영역이다. 조명래의 통찰처럼 기후변화는 온도 상승에서 그치지 않고 해양 산성화, 빙하 해체, 해수면 상승으로 이어지는 '다층적 연쇄 반응'을 일으킨다. 420ppm이라는 성적표는 인류 문명이 그동안 누려온 '무료 환경 서비스'의 유통기한이 끝났음을 알리는 경고장이다.

열역학적으로 대기 중 온실가스의 증가는 지구가 우주로 내보내야 할 에너지를 가두는 '에너지 불균형'을 초래한다. 현재 지구

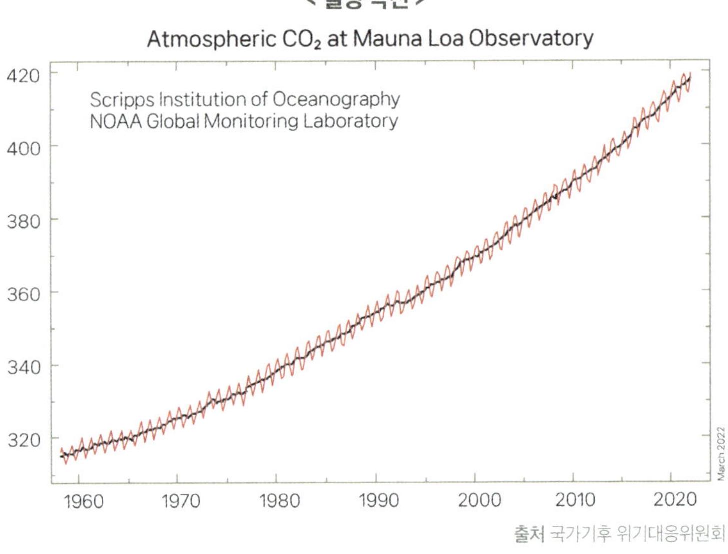

< 킬링 곡선 >

출처 국가기후 위기대응위원회

시스템에 축적되는 과잉 에너지는 초당 원자폭탄 수 개가 터지는 양과 맞먹으며, 이 에너지의 90% 이상을 바다가 흡수하고 있다. 바다 온도가 올라가고 해수면이 상승하는 것은 단순한 자연현상이 아니라 우리가 배출한 탄소가 부메랑이 되어 돌아오는 경제적·물리적 인과응보이다.

4   온실효과의 주범: 6대 온실가스의 정체와 영향

지구 온난화를 유발하는 핵심 물질은 교토의정서와 파리협정에서 규정한 6대 온실가스이다. 각 가스는 대기 중에 머무는 시간과 열을 가두는 능력인 지구온난화지수(GWP, Global Warming Potential)가 서로 다르다.

< 온실가스의 종류와 특징 >

온실가스 종류	주요 배출원	배출 비중	GWP (100년기준)	특징
이산화탄소 (CO_2)	화석연료 연소, 시멘트 생산, 산림 파괴	76%	1	배출량이 가장 압도적이며 수백 년간 대기에 잔류함
메탄 (CH_4)	축산업(가축 트림), 폐기물 매립, 천연가스 누출	16%	28 ~ 80	체류 시간은 짧으나 단기 온난화 효과가 매우 강력함

온실가스 종류	주요 배출원	배출 비중	GWP (100년기준)	특징
아산화질소 (N_2O)	질소비료 사용, 공업 공정, 폐수 처리	6%	265 ~ 298	대기 중 수명이 100년 이상으로 매우 길며 오존층을 파괴함
수소불화 탄소 (HFCs)	에어컨 냉매, 반도체 세정제	2% 미만	124 ~ 14,800	인공 가스로 매우 적은 양으로도 치명적인 온난화 유발
과불화탄소 (PFCs)	알루미늄 제련, 전자산업	2% 미만	7,390 ~ 12,200	대기 중 수명이 수천 년에 달해 사실상 영구적 영향을 미침
육불화황 (SF_6)	전기 절연체 (변압기 등), 반도체 공정	2% 미만	23,500	6대 가스 중 GWP가 가장 높으며 극단적인 온실효과 발생

출처 국가기후 위기대응위원회

5 '지구 온난화'의 시대가 가고 '지구 비등'의 시대가 오다

2025년 현재 국제사회는 이제 '지구온난화(Global Warming)'라는 용어조차 충분치 않다고 느낀다. 안토니우 구테흐스(Antonio Guterres) UN 사무총장이 선언했듯 이제는 '지구 비등(Global Boiling)'의 시대다. 세계기상기구(WMO)가 최근 발표한 <2025-2029 글로벌 기후 업데이트> 보고서는 충격적이다. 2025년부터 2029년 사이 어느 한 해가 역사상 가장 더운 해로 기록될 확률이

무려 80%에 달하며, 산업화 이전 대비 지구 평균 기온 상승폭이 1.5℃를 넘어설 가능성 또한 86%로 치솟았다.

이는 단순히 여름이 조금 더 길어지거나 겨울이 짧아지는 문제가 아니다. 우리가 수천 년간 누려온 안정적인 기후 시스템, 즉 인류 문명을 지탱해 온 '지구라는 플랫폼' 자체가 붕괴되고 있음을 의미한다.

6   티핑 포인트(Tipping Point)와 경제적 실존 위기

환경경제학 관점에서 볼 때, 기후변화의 가장 무서운 속성은 '비가역성'이다. 일정 선을 넘으면 인간의 노력으로 도저히 되돌릴 수 없는 지점, 즉 티핑 포인트가 도처에서 감지되고 있다. 북극 해빙의 소멸로 인한 낮은 알베도 효과(태양광 반사율 저하), 아마존 열대우림의 탄소 흡수원 상실 등은 연쇄적인 피드백을 일으켜 지구를 전혀 다른 행성으로 만들고 있다.

과거에는 기후변화를 '먼 미래의 문제' 혹은 '북극곰의 위기'로 치부하며 경제 성장의 부수적인 '외부 효과' 정도로 여겼다. 그러나 지금의 기후 위기는 기업의 공급망을 파괴하고, 국가 예

산의 막대한 부분을 재난 복구에 투입하게 만들며 물가 상승을
유발하는(Climateflation) 실존적인 경제 위기로 전이되었다.

소 방귀세의 진실과
글로벌 메탄 서약 탄생 비화

우리가 온실가스라고 하면 이산화탄소(CO_2)만 떠올리기 쉽지만, 사실 기후 위기 대응의 '단기 소방수' 역할은 메탄(CH_4)이 맡고 있다.

[1] 소의 방귀가 세금이 된다고? '소 방귀세'의 진실

메탄의 주요 배출원 중 하나는 놀랍게도 소나 양 같은 반추동물의 트림과 방귀이다. 소의 위 속 박테리아가 먹이를 분해하며 엄청난 양의 메탄을 만들어내기 때문이다.

가축 배출량이 전체 온실가스의 절반에 육박하는 뉴질랜드는 실제로 '가축 배출세(일명 소 방귀세)' 도입을 추진하며 전 세계의 이목을 끌었다. 최근 가축 배출 온실가스 문제를 해결하기 위해 소에게 메탄을 줄여주는 특수 사료를 먹이거나 배출량이 적은 품종을 개량하는 등 '저탄소

축산'이 새로운 산업으로 부상하고 있다.

[2] 왜 메탄에 주목해야 하는가?

메탄의 지구온난화지수(GWP)는 이산화탄소의 28배에서 최대 80배에 달한다. 적은 양으로도 지구를 훨씬 뜨겁게 달군다. 게다가 이산화탄소는 한 번 배출되면 수백 년간 대기에 머물지만 메탄은 약 10~12년이면 분해되는 특징을 갖고 있다. 따라서 지금 메탄 배출을 획기적으로 줄이면 10년 안에 지구 온도를 낮추는 효과를 실질적으로 체감할 수 있다. 이것이 메탄 감축이 '기후 위기의 급브레이크'라고 불리는 이유이다.

[3] 글로벌 메탄 서약의 탄생과 미국이 주도한 비화

이러한 과학적 사실에 기반하여 2021년 미국과 유럽연합(EU)의 주도로 '글로벌 메탄 서약(Global Methane Pledge)'이 탄생했다. 2030년까지 전 세계 메탄 배출량을

2020년 대비 최소 30% 감축하자는 국제적 약속이다. 우리나라도 이 서약에 가입하여 농축산 부문의 분뇨 처리 방식 개선, 매립지 메탄 포집 발전, 에너지 탈루 방지 등 다각적인 노력을 기울이고 있다.

파리협정에서는 가입과 탈퇴로 우왕좌왕하던 미국이 갑자기 '글로벌 메탄 서약'을 주도한 배경에는 미국의 정교한 실용주의 외교 전략이 숨어 있다. 첫째, 미국 에너지 산업의 '기술적 우위'와 '경제성'이 뒷받침하였다. 미국은 세계 최대의 천연가스 생산국 중 하나로 천연가스의 주성분인 메탄은 시추나 운송 과정에서 새어나가기 쉬운데 미국 기업들은 이미 이를 감지하고 차단하는 세계 최고의 첨단 기술을 보유하고 있었다. 규제를 통해 메탄 누출을 잡으면 버려지던 가스를 다시 팔 수 있어 경제적으로도 이득이 되고, 미국산 가스가 '지구상에서 가장 깨끗한 화석연료'라는 독보적인 지위를 굳힐 수 있다는 계산이 깔려 있었다.

둘째, 중국을 겨냥한 전략적 카드의 일환이다. 기후 협상의 주도권을 놓고 미국과 경쟁하는 중국은 세계 최대의 메탄 배출국(석탄 광산 및 벼 농사 비중이 높음)이지만, 메탄 관리 기술은 상대적으로 취약했다. 미국은 메탄 서약을 주도함으로써 중국의 아킬레스건인 '메탄'을 글로벌 무역과 환경 표준의 중심에 세웠고, 이를 통해 기후 외교의 리더십을 탈환하는 동시에 중국을 압박하는 강력한 지렛대로 활용했다.

마지막으로 기후 리더십의 '퀵 윈(Quick Win)'이 작용하였다. 이산화탄소 감축은 산업 구조 전체를 바꿔야 하기에 성과가 나오기까지 수십 년이 걸리지만, 메탄은 줄이는 즉시 지구 온도를 낮추는 효과가 체감된다. 파리협정 탈퇴 등으로 실추된 신뢰를 단기간에 회복해야 했던 미국에게 메탄은 가장 빠르고 확실하게 성과를 보여줄 수 있는 매력적인 카드였다.

저자의 한마디 ———

"국제 정치의 무대에서 환경은 때로 가장 강력한 경제적·외교적 무기가 된다. 미국의 메탄 서약 주도는 과학적 당위성이 국익이라는 실용적 목표와 만났을 때 국제 질서가 얼마나 급격히 재편될 수 있는지를 보여주는 전형적인 사례이다."

화석연료 문명의 역설과 '기후 부채'

1   탄소 위에 세워진 현대 문명의 임계점

오늘날 우리가 누리는 번영은 거대한 '탄소의 연소' 위에 세워졌다. 18세기 증기기관의 발명 이후, 인류는 수억 년간 지하에 저장되어 있던 태양 에너지의 결정체, 즉 화석연료를 꺼내 쓰기 시작했다. 이 에너지는 폭발적인 경제 성장을 견인했지만, 그 대가로 대기 중에는 막대한 양의 온실가스가 축적되었다.

2025년 발표된 Global Carbon Budget(세계 탄소 예산) 보고서에 따르면, 인류가 지구 온도 상승을 1.5℃ 이내로 억제하기 위해 남겨둔 '남은 탄소 예산(Remaining Carbon Budget)'은 이미 바닥을 드러내고 있다. 지금과 같은 배출 속도를 유지한다면, 인류에게 허용된 시간은 채 5년도 남지 않았다는 것이 과학계의 냉엄한 경고이다. 이는 기후 위기가 단순한 환경 문제가 아니라, 화석연료에 기반한 기존 경제 모델이 그 수명을 다했음을 알리는 '구조적 파산 선고'와 같다.

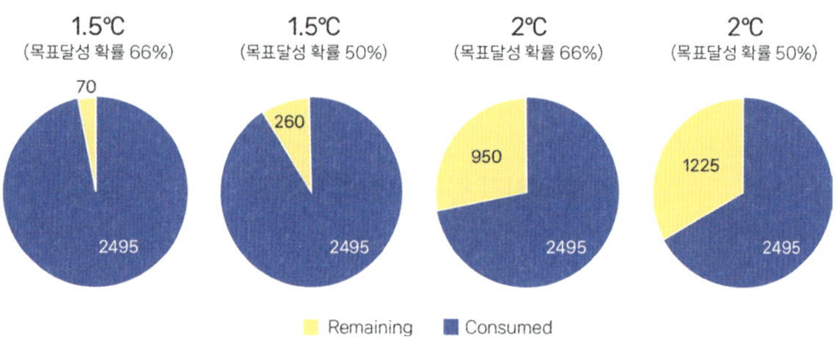

2   누가 더 많은 '기후 부채'를 졌는가

기후변화 대응의 큰 걸림돌 중 하나는 기후 위기의 책임은 결코 평등하지 않다는 '책임의 비대칭성'이다. 산업화 이후 누적된 온실가스의 상당 부분은 선진국들이 배출했지만, 그 피해는 탄소 배출량이 적고 적응 능력이 부족한 저개발국들에 집중되고 있다.

국제사회에서 논의되는 '기후 부채(Climate Debt)' 개념은 바로 여기서 출발한다. 2025년 기후변화협약 당사국총회(COP)에서도 핵심 쟁점이었던 '손실과 피해(Loss and Damage)' 기금 논의는 선진국들이 과거에 누린 성장의 대가를 어떻게 보상할 것인가에 대한 도덕적·경제적 추궁이다. 이러한 갈등은 국제 협력을 지연시키는 요인이 되기도 하지만, 역설적으로 탄소중립이 단순한 자선이 아닌 '글로벌 생존을 위한 부채 상환'임을 명확히 하고 있다.

3   한국, '기후 악당'에서 '기후 선도'로의 고통스러운 전환

이러한 국제적 책임 공방 속에서 한국의 위치는 매우 독특하면서도 위태롭다. 우리나라는 세계 10위권의 경제 대국이자 탄소 배출량 7~9위를 오르내리는 대규모 배출국이다. 특히 제조업 비중이 높은 산업 구조로 인해 1인당 탄소 배출량은 이미 많은 선진국을 앞질렀다.

최근 국제 환경단체들이 한국을 '기후 악당(Climate Villain)'으로 지목했던 이유는 배출량 자체보다, 우리의 경제 규모에 걸맞지 않은 소극적인 감축 목표와 화석연료에 대한 높은 의존도 때문이었다. 2025년 현재, 한국은 탄소국경조정제도(CBAM)와 RE100이라는 강력한 글로벌 무역 규제에 직면해 있다. 이제 탄소 감축은 도덕적 선택이 아니라, 우리 수출 기업들이 세계 시장에서 퇴출당하지 않기 위한 필수적인 '생존 통행세'가 되었다.

4   시장의 가격은 진실을 말하고 있는가

경제학적으로 볼 때 기후 위기는 '탄소 배출'이라는 행위에 적절한 가격을 매기지 못한 '시장 실패'에서 기인한다. 우리가 화석 연료를 싸게 쓸 수 있었던 이유는 그 연소 과정에서 발생하는 환경 파괴와 미래 세대의 기회비용을 가격에 반영하지 않았기 때문이다.

이제 우리는 이 잘못된 가격 체계를 바로잡아야 한다. '온실가스배출권거래제(Emission Trading Scheme, ETS, 이하 배출권거래제)'는 바로 이 시장 실패를 교정하려는 인류의 거대한 실험 중 하나이다. 하지만 과연 현재의 시장 가격이 기후 위기의 긴박함을 제대로 반영하고 있는지, 혹은 기업들에게 면죄부를 주는 도구로 전락하지 않았는지 냉정하게 되짚어봐야 할 시점이다.

임계점을 넘은 지구,
뉴 노멀(New Normal)이 된 재난

1   기상 이변의 정례화: 100년만의 기록이 매년 깨지는 시대

우리는 지금 과거의 기상 통계가 무용지물이 된 시대에 살고 있다. 2025년 한 해 동안 전 지구는 전례 없는 극단적 기상 현상을 목격했다. 유럽을 뒤덮은 살인적인 폭염, 북미를 강타한 초대형 허리케인, 그리고 중동 사막에 쏟아진 기록적인 폭우는 기후 변화가 특정 지역의 비극이 아닌 '전 지구적 동시 다발성 재난'임을 입증했다.

과거에는 '100년 만의 빈도'라고 부르던 극한 기상 현상들이 이제는 매년, 혹은 계절마다 반복되는 '뉴 노멀(New Normal)'이 되었다. 기상학적으로 이는 지구 온난화로 인해 대기가 머금을 수 있는 수증기량이 증가하고, 제트기류가 약화하면서 특정 기압계가 정체되는 '블로킹(Blocking)' 현상이 심화되었기 때문이다. 이제 재난은 예외적인 사건이 아니라 우리가 관리해야 할 '상수'가 되었다.

기후변화는 더 이상 환경 운동가들의 구호가 아니다. 그것은 이미 전 세계 서민들의 식탁과 기업의 원가 구조를 파괴하고 있는 경제적 실체이다. 기후 재난은 단순히 물리적 피해에 그치지 않고 경제 시스템의 근간을 흔들고 있다. 최근 기후와 인플레이션의 합성어인 '클라이밋플레이션(Climateflation)'이 국제 경제계의 화두로 떠오르며 기후 위기가 인플레이션을 유발하는 현상을 극명하게 보여준다.

조명래가 강조하는 '에너지-물질대사의 파행'은 농업 생산 시스템에서 가장 극명하게 나타난다. 생태계의 복원력이 한계를 넘어서면서 발생하는 작황 부진은 공급망 쇼크를 일으키고, 이는 곧바로 장바구니 물가 상승으로 직결된다. 이는 단순히 경제적 비용의 상승을 넘어 먹거리 안보를 위협하며 사회적 약자에게 더 가혹한 피해를 주는 '기후 양극화'의 단초가 된다.

2025년 상반기에 발생한 유럽의 가뭄과 인도의 이례적인 폭염으로 인해 국제 밀 가격은 전년 대비 약 35% 급등했으며, 옥수수와 대두 가격 역시 주요 생산국인 브라질의 홍수 여파로 20% 이상의 변동성을 보였다. 특히 서민 경제의 척도인 설탕 가격은 동남아시아의 엘니뇨 현상에 따른 작황 부진으로 최근 10년 이내 최고치를 경신했다. 이는 단순히 먹거리 물가를 올리는 것을 넘어, 전반적인 금리 정책과 거시 경제 안정성까지 위협하는 '기후발(發) 인플레이션'의 서막으로서 기후 적응에 실패한 국가나 기업이 지급해야 할 비용이 '탄소 감축 비용'보다 훨씬 클 수 있다는 경제적 경고이다.

3   멈춰 선 글로벌 동맥: 파나마 운하와 물류의 마비

기후 위기는 글로벌 공급망의 급소인 '물류 요충지'를 타격하고 있다. 세계 교역량의 약 6%를 담당하는 파나마 운하의 사례는 가히 충격적이다. 2024년 말부터 시작된 기록적인 가뭄으로 운하의 용수를 공급하는 가툰(Gatun) 호수의 수위가 평년보다 약 2~3m 하락했다.

그 결과 평상시 하루 36척에 달하던 통과 선박 수는 한때 22척 수준으로 40% 가까이 급감했다. 대기 중인 선박들이 통행 순서를 얻기 위해 지불한 '경매 낙찰가'가 척당 수십억 원에 달했다는 사실은 기후 리스크가 어떻게 공급망 전체의 비용 상승으로 전이되는지를 생생하게 보여주었다.

한희진에 따르면 이는 '글로벌 공공재의 훼손'이며, 물류 마비로 인한 우회 경로 선택은 추가적인 탄소 배출과 비용 상승을 부른다. 결국 기후 위기는 전 세계 모든 제품의 가격에 '기후 프리미엄'을 강제로 얹는 경제적 압박으로 작용하고 있다.

4   해수면 상승과 거주 불능 지구(Uninhabitable Earth)

가장 가시적이고도 위협적인 재난은 해수면 상승이다. IPCC(기후변화에 관한 정부 간 협의체)의 최신 시나리오에 따르면, 남극과 그린란드의 빙하 융해 속도는 예상치를 상회하고 있다. 2025년 관측 결과 해수면 상승은 단순히 연안 저지대의 침수를 넘어 염수 유입으로 인한 지하수 오염과 농경지 파괴로 이어지고 있다. WMO의 2025년 데이터에 따르면 지난 10년간 글로벌 해수면은 연평균 4.7mm씩 상승했다. 이는 1990년대 상승 속도의 2배가 넘는 수치이다. 인도네시아의 자카르타는 매년 최대 25cm씩 지반이 침하하며 도시의 40%가 해수면보다 낮아졌고, 결국 수도 이전이라는 국가적 결단을 내려야 했다.

이러한 해수면 상승에 대응하기 위해 태평양의 도서국뿐만 아니라 동남아시아의 메가시티들, 그리고 뉴욕과 런던 같은 대도시

들까지 막대한 예산을 투입해 '해안 방벽'을 쌓고 있다. 거주할 수 있는 영토가 줄어든다는 것은 국가의 주권과 경제적 자산 가치가 근본적으로 훼손됨을 의미한다. 최근 글로벌 재보험사들이 기후 리스크가 높은 지역의 주택 보험 인수를 거절하기 시작했다는 뉴스는 기후 위기가 이미 '자산 가치의 재조정'을 강요하고 있음을 의미한다.

조명래는 이를 인류가 발을 딛고 서 있는 '영토의 상실'이자 지리적 생존권의 위기로 규정한다. 전 세계 인구의 상당수가 거주하는 연안 대도시들의 인프라가 기능을 상실하게 되면, 이는 단순한 재산 피해를 넘어 수억 명의 '기후 난민'을 발생시키는 전 지구적 혼란으로 이어진다. '거주 불능 지구'는 더 이상 SF 소설의 상상이 아닌, 우리가 당면한 물리적 현실이다.

5   '완화'의 시급성

'예측 불가능성'이라는 비용 경제학은 '불확실성'을 가장 싫어한다. 현재 기후 재난이 무서운 이유는 단순히 피해 규모가 커서가 아니라, 과거의 확률 통계(Normal Distribution)를 완전히 벗어나 있다는 점이다. 1%의 확률이라 믿었던 재난이 매년 발생한다면,

그 사회의 보험 체계와 국가 재난 관리 예산은 붕괴할 수밖에 없다. 불확실성과 함께 지금 우리가 마주한 재난의 일상화는 우리가 화석연료를 쓰며 누렸던 '값싼 풍요'의 청구서가 뒤늦게 도착한 것이다. 이 청구서에는 재난 복구비, 물류 할증료, 식료품 인상분, 그리고 미래 세대의 생존권이라는 명목의 막대한 이자가 붙어 있다.

우리는 흔히 기술이 발달하면 기후 재난에 충분히 적응(Adaptation)할 수 있을 것이라 믿는다. 더 높은 제방을 쌓고 더 강력한 에어컨을 보급하는 체계적인 적응 대책도 중요하다. 하지만 2025년의 재난들은 인류가 만든 인프라가 감당할 수 있는 물리적 한계가 존재함을 보여주었다.

결국 재난의 강도를 낮추는 효과적인 방법은 근본적인 원인인 온실가스 배출을 줄이는 '완화(Mitigation)' 뿐이다. 재난 복구에 들어가는 사후적 비용(Ex-post cost)을, 감축을 위한 사전적 투자(Ex-ante investment)로 보는 인식의 대전환이 필요하다. 기후 재난은 우리에게 "지금 비용을 치를 것인가, 아니면 나중에 파산할 것인가"를 묻고 있다. 탄소에 가격을 매기고 경제 체질을 완전히 바꾸는 시장 기제의 도입은, 우리가 이 거주 불능의 위기에서 탈출하기 위해 선택할 수 있는 가장 시급하고도 마지막인 처방전이다.

아열대화와 가중되는 사회적 비용

1   세계 평균을 앞지르는 한반도의 시계

대한민국의 기후 시계는 세계 평균보다 훨씬 빠르게 돌아가고 있다. 2025년 발표된 기상청의 최신 기후 분석에 따르면, 지난 110년간 한반도의 평균 기온은 약 1.8~2.0℃ 상승했다. 이는 같은 기간 지구 평균 상승 폭인 1.09℃의 거의 두 배에 육박하는 수치이다.

단순히 더워지는 것이 문제가 아니라, 우리가 알던 '안정적인 수순'의 계절이 실종되고 있다는 점이 가장 큰 위협이다. '사계절이 뚜렷한 금수강산'이라는 표현은 교과서 속의 추억이 되어가고 있다. 이제 여름은 1년 중 120일 이상 지속되지만, 겨울은 80일 미만으로 쪼그라들었다. 단순히 날씨가 변하는 것을 넘어, 한반도 생태계와 산업 구조 전반이 '아열대화'라는 낯선 환경으로 강제로 이주당하고 있는 셈이다. 과거의 온대 기후 시스템이 무너지고 아열대화가 가속화되면서, 한반도는 이제 전 지구적 기후위기의 가장 전위적인 현장이 되었다. 이는 우리가 누려온 안정적인 플랫폼의 유통기한이 다했음을 알리는 강력한 경고다.

수자원 관리의 관점에서 볼 때, 기후변화는 '변동성의 폭주'를 의미한다. 최근 한반도의 강수 패턴은 '양은 늘되 횟수는 줄어드는' 전형적인 아열대성 특징을 보인다. 한 번 내릴 때 쏟아붓는 극한 호우(Extreme Rainfall)는 기존의 댐과 하수도 설계 용량을 수시로 초과하며 도심 침수와 산사태를 유발한다. 특히 2022년부터 매년 반복되는 수도권의 '기습적 극한 호우'는 우리 인프라의 한계를 시험하고 있다. 시간당 140mm가 넘는 비가 쏟아졌던 서초·강남 일대의 침수 사태는, 100년 빈도의 강우를 견디도록 설계된 도시 배수 시스템이 기후 위기 앞에서는 얼마나 무력한지를 증명했다.

도시를 마비시키는 폭우가 발생하는 한편 저수지 바닥이 거북이 등껍질처럼 갈라지게 하는 가뭄이 발생하고 있다. 대표적인 사례가 최근 강원 지역에서 발생한 극한 가뭄이다. 불과 얼마 전 강릉의 주요 식수원인 오봉저수지의 저수율이 30%대까지 떨어지며 취수 제한을 검토해야 했던 긴박한 순간이 있었다.

가뭄 기간에는 고온 현상이 지속되면서 체류 시간이 증가하고 오염물질이 유입되면 녹조가 발생한다. 대표적인 사례가 바로 낙동강의 녹조 문제이다. 실제로 최근 몇 년간 낙동강 하류에 녹조를 유발하는 유해 남세균 세포 수가 ㎖당 수만에서 수십만 셀(cells)을 기록하며, '조류경보제'의 '경계' 수준을 수시로 상회하는 등 심각한 양상을 보이고 있다. 녹조에 함유된 간 독성 물질인 '마이크로시스틴'이 농작물이나 수돗물 원수에서 검출된다는 논란은 국민에게 막대한 불안감과 사회적 비용을 전가한다.

도시를 마비시키는 폭우와 저수지가 바닥을 보이는 가뭄이 한 해에 동시에 발생하는 '물 재해의 양극화'는 우리 행정 체계에 근본적인 질문을 던지고 있다. 과거 데이터에 기반한 치수 대책은 이제 무용지물이 되었으며, 가뭄과 홍수의 극단적인 변동은 사회적 비용을 기하급수적으로 끌어올리고 있다. 물은 생존을 위한 필수 공공재이기에 물 관리 실패는 단순한 재난을 넘어 국가 시스템의 총체적 복원력 상실로 이어질 수 있는 중대한 안보 위기다.

3   사과가 북상하고 김이 사라지는 경제적 충격

기후변화는 우리 식탁의 지도를 바꾸며 농어민들의 생존권을 흔들고 있다. 대구의 상징이었던 사과는 이제 강원도 정선과 양구의 해발 500m 이상 고지대에서 재배되고 있으며, 한국인의 밥

상에서 빼놓을 수 없는 '김' 역시 수온 상승으로 인해 생산량이
급감하고 김이 누렇게 변하는 황백화 현상이 발생하며 가격이 폭
등했다.

2024년과 2025년 연이어 발생한 '금(金)사과' 파동과 김 생산
량 급감이 몰고 온 농수산물 가격의 불안정은 곧바로 '먹거리 물
가' 전체를 흔들며, 농민들에게는 생계의 위기를, 소비자들에게
는 가계 부담을 안겨주고 있다. 조명래가 강조하듯, 생태계 생산
주기의 파괴는 실물 경제의 가격 체계를 왜곡하며 사회적 약자의
생존 기반을 무너뜨리는 불평등의 원인이 되고 있다.

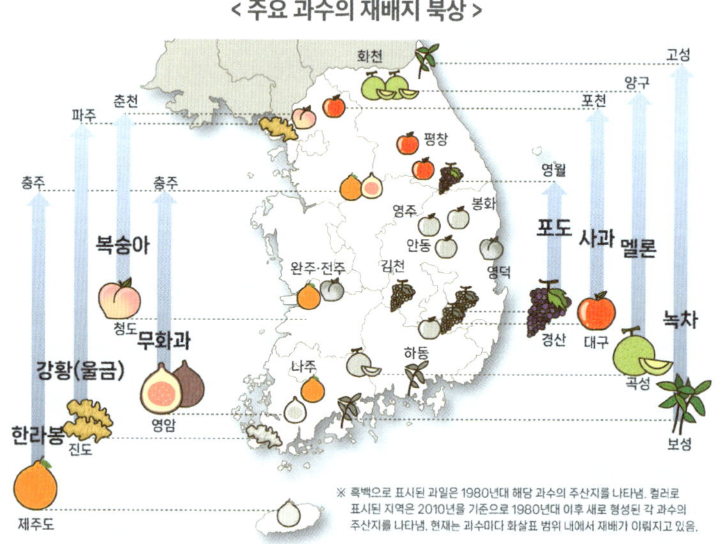

출처 국가기후 위기대응위원회

　우리는 지난 수십 년간 '평균치'를 기반으로 댐을 쌓고 제방을 설계해 왔다. 그러나 기후변화는 '평균의 종말'을 고하고 있다. 최악의 가뭄과 최악의 홍수가 동시에 한 해에 발생하는 상황에서, 이제 물 관리 정책은 과거의 매뉴얼에 의존하는 행정에서 탈피하여 예측 불가능한 극한 상황을 견디는 '회복 탄력성(Resilience)'에 초점을 맞춰야 한다.

　특히 낙동강 유역의 수질 관리와 같은 복합적인 문제는 부처 간의 칸막이 행정을 넘어서는 '통합 물 관리'의 실질적인 구현을 요구한다. 기후변화는 우리에게 더 견고한 댐을 쌓으라고 요구하는 것이 아니라, 더 유연하고 지능적인 관리 시스템을 구축하라고 경고하고 있다. 지금 당장 기후 적응을 위한 인프라 투자에 나서지 않는다면, 미래 세대가 감당해야 할 복구 비용은 현재의 투자 비용보다 수십 배에 달할 것이다.

　이제 기후 대응은 시혜적인 환경 정책이 아니라 국가 경영의 핵심 전략이 되어야 한다. 과거의 경직된 행정 체계로는 임계점을 넘나드는 기후 재난에 대응할 수 없다. 한희진의 '배분적 정의' 관점에서 볼 때, 기후 적응을 위한 행정의 혁신은 미래 세대와 기후 취약계층의 기본권을 보호하기 위한 마땅한 책무다. 배출권거래제와 같은 유연한 시장 기제를 적극적으로 수용하여 경제 체질을 개선하는 것만이, 남겨진 짧은 시간 안에 한반도의 생존로를 확보하는 최선의 길이다.

기후 전망과 미래 세대의 권리

기후변화와 한국에 미치는 영향

1   선택할 수 있는 두 가지 미래: SSP 시나리오의 경고

우리가 지금 어떤 선택을 하느냐에 따라 21세기 후반의 지구는 전혀 다른 모습이 될 것이다. IPCC가 제시한 SSP(공통사회경제경로) 시나리오에 따르면, 우리가 지금처럼 화석연료를 무분별하게 사용하는 고탄소 경로(SSP5-8.5)를 고수할 경우, 21세기 말 한반도의 기온은 현재보다 최대 6.3℃ 상승할 것으로 예측된다.

< IPCC SSP 시나리오 >

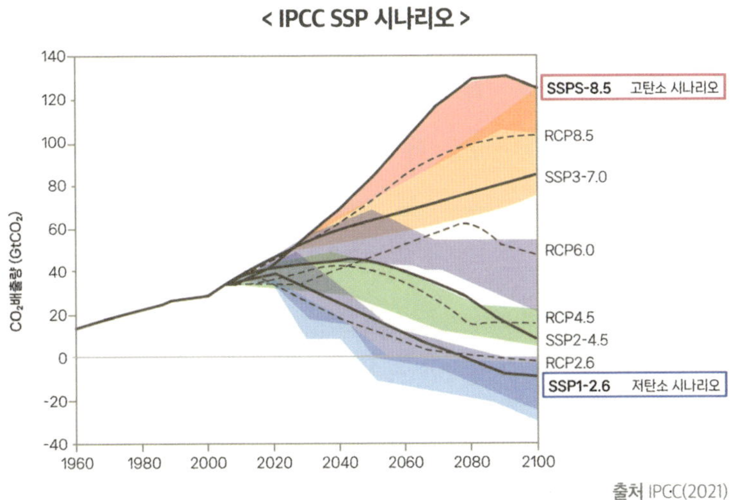

출처 IPCC(2021)

< SSP 표준 4종 시나리오 >

종류	의미
SSP1-2.6*	재생 에너지 기술 발달로 화석 연료 사용이 최소화되고 친환경적으로 지속 가능한 경제 성장을 가정
SSP2-4.5	기후변화 완화 및 사회 경제 발전 정도가 중간 단계를 가정
SSP3-7.0	기후변화 완화 정책에 소극적이며 기술 개발이 늦어 기후변화에 취약한 사회 구조를 가정
SSP5-8.5	산업 기술의 빠른 발전에 중심을 두어 화석 연료 사용이 많고 도시 위주의 무분별한 개발 확대를 가정

*SSP1-2.6의 정확한 표현은 SSP1-RCP2.3임. 　　　　　　　　　출처 IPCC(2021)

이 시나리오 속의 한반도는 더 이상 우리가 알던 온대 국가가 아니다. 남해안은 물론 중부 지방까지 상록활엽수가 우거지는 완전한 아열대 기후로 변모하며, 감염병을 매개하는 해충의 서식지가 북상하고, 겨울은 사실상 사라지게 된다. 반면, 우리가 뼈를 깎는 노력으로 저탄소 경로(SSP1-2.6)를 택한다면 온도 상승을 2.3℃ 수준으로 방어할 수 있다. 4℃의 차이는 단순히 숫자가 아니라, '생존할 수 있는 문명'과 '재난의 일상'을 가르는 거대한 장벽이다.

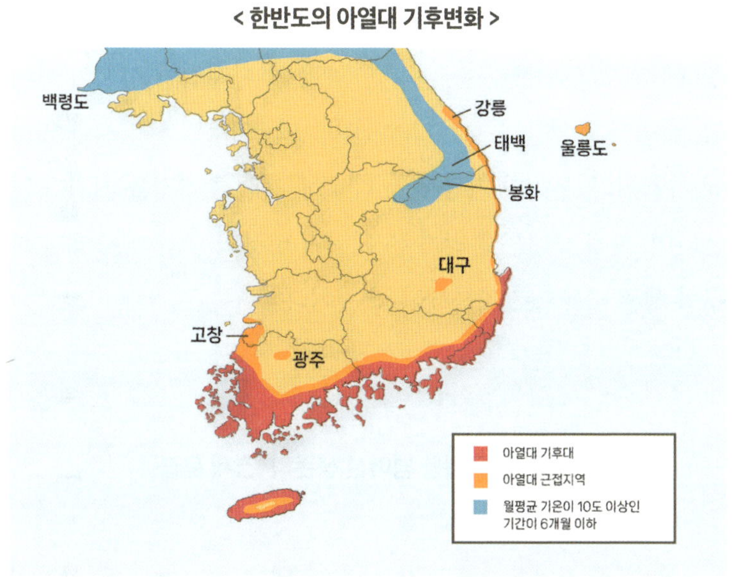

출처 한국 기후 위기 평가보고서 2025

2   세대 간 기후 불평등

경제학적 관점에서 기후변화는 역사상 유례없는 '세대 간 자산 수탈'이다. 현재 세대는 저렴한 화석연료를 사용해 경제 성장의 과실을 향유하고 있지만, 그 과정에서 발생한 환경 파괴의 비용(External Cost)은 고스란히 미래 세대의 부채로 남겨두고 있다.

2024년 8월 대한민국 헌법재판소는 '기후 위기 헌법불합치'

판결을 통해 국가의 불충분한 기후 대응이 미래 세대의 기본권을 침해한다고 선언했다. 이는 기후 대응이 시혜적인 정책이 아니라, 헌법적 가치를 수호하기 위한 국가의 의무임을 명시한 역사적 사건이다. 우리가 지금 탄소 배출에 적절한 가격을 매기지 않는다면, 미래 세대는 우리가 쓴 에너지 비용의 수십 배를 재난 복구와 생존 비용으로 지불해야 할 것이다.

3   탄소중립, 규제를 넘어선 생존의 '경제 문법'

이제 기후 전망은 기상청의 예보를 넘어 글로벌 금융 시장의 '투자 지침서'가 되었다. 2025년 현재 글로벌 자본은 탄소 감축 성과가 미흡한 국가와 기업을 철저히 외면하고 있다. 이제 기업의 재무제표에 '기후 리스크'라는 항목으로 반영되기 시작했다.

탄소중립은 더 이상 기업의 비용이 아니라 시장에서 살아남기 위한 '새로운 표준'이다(조명래, 2022). 배출권거래제는 바로 이러한 미래의 리스크를 현재의 가격으로 끌어오기 위한 가장 강력하고도 효율적인 시장 도구이다. 탄소를 배출하는 것이 곧 '비용'이 되는 세상을 만드는 것이 화석연료 문명의 관성을 멈추고 새로운 녹색 경제로 나아가는 첫걸음이다.

4   두려움을 넘어 결단으로

1장에서 살펴본 기후의 현실은 냉혹하다. 끓는 지구와 위태로운 한반도 그리고 치솟는 물가와 물 관리의 위기는 모두 하나의 근원, 즉 '탄소'를 가리키고 있다. 하지만 절망하기엔 이르다. 위기가 명확해졌다는 것은 우리가 무엇을 바꾸어야 하는지도 명확해졌다는 뜻이기 때문이다.

이제 우리는 기후변화라는 거대한 파고 앞에서 '얼마나 힘들 것인가'를 묻기보다 '어떤 도구를 써서 이 파고를 넘을 것인가'를 논해야 한다. 다음 장에서는 개별 국가 차원에서 대응하기에는 한계가 있는 기후변화에 국제사회는 어떻게 대응해 왔는지 살펴보고자 한다.

기후의 언어,
시대를 비추는 거울

인류 역사를 돌이켜볼 때, 과학의 경고가 이토록 짧은 시간 안에 전 지구적인 경제 표준이 되고 국가의 산업 구조를 뒤흔든 사례는 찾기 어렵다. 우리가 사용하는 단어가 점점 거칠고 날카로워지는 것은 그만큼 지구가 보내는 경고음이 비명에 가까워지고 있다는 증거이다.

[1] 기후변화(Climate Change) vs 기후 위기(Climate Crisis)

2019년 영국 일간지 <가디언(The Guardian)>은 더 이상 '기후변화'라는 완곡한 표현 대신 '기후위기'나 '기후 비상사태'를 편집 지침으로 채택한다고 선언했다. 단순히 날씨가 변하는 수준을 넘어 인류 문명을 지탱해 온 '지구라는 플랫폼' 자체가 붕괴되고 있음을 경고한다.

[2] 지구온난화(Global Warming) vs 기후 비등(Global Boiling)

2023년 7월 역대 가장 뜨거운 달을 기록하자 구테흐스 UN 사무총장이 이 현상을 지구온난화 대신 기후비등이라고 선언했다. 지구가 따뜻해지는 수준을 넘어 이제는 생태계의 복원력이 한계를 넘어선 '끓어오름'의 시대에 진입했음을 상징한다.

[3] 탄소중립(Carbon Neutral) vs 넷제로(Net Zero)

넷제로는 우리가 100의 온실가스를 배출했다면, 이를 다시 흡수하여 산술적 합계를 '0'으로 만드는 실질적인 배출 제로 상태를 의미한다. "배출을 아예 안 하는 것"이 아니라, 배출한 만큼을 반드시 책임지고 치워내겠다는 강력한 실천 의지가 담긴 경제적 문법이다.

[4] 블랙스완(Black Swan) vs 그린스완(Green Swan)

그린스완은 나심 탈레브의 '블랙스완'에 빗대어 2020년 국제결제은행(BIS) 보고서에서 처음 등장한 용어로서 기후변화로 인해 금융 시스템이 붕괴되는 위기를 뜻한다. 블랙스완과 달리 '반드시 일어날 미래'라는 점이 더 무섭다. 이제 기후는 환경 운동가의 구호가 아니라 기업의 생존과 직결된 재무적 리스크이다.

저자의 한마디 ────────────────────

"용어의 강도가 세지고 험악해지는 것은 지구가 우리에게 보내는 마지막 SOS 신호일지도 모른다. 단어의 차이를 이해하는 것은 우리가 처한 위기의 본질을 직시하고, '회색의 과거'를 넘어 '녹색의 미래'로 항해하기 위한 첫 걸음이다."

**온실가스배출권거래제:
탄소중립의 해법인가, 면죄부인가**

EU 탄소국경조정제도와
2035 NDC의 솔루션을 담은
대한민국 기후 리포트

제2장

기후 위기, 국제적 대응의 파고와 한국의 선택

과학의 경고가 경제의 표준이 되기까지

과학의 경고, 정치의 응답

약속과 실천의 괴리

거대한 전환, 파리협정 이후의 신기후체제

국제적 표준과 국내적 수용의 접점

인사이드 스토리 고립을 넘어 연대로, 제3의 길을 열다

과학의 경고가 경제의 표준이 되기까지

인류 역사를 돌이켜볼 때, 과학적 발견이 이토록 짧은 시간 안에 전 지구적인 정치·경제적 합의를 끌어내고, 개별 국가의 산업 구조를 근본적으로 뒤흔든 사례는 찾아보기 어렵다. 우리가 '기후 위기'라고 부르는 이 거대한 파고는 이제 담론의 영역을 넘어 실질적인 '생존의 문제'로 우리 곁에 와 있다. 지난 수십 년간 국제사회가 기후변화를 막기 위해 쌓아온 약속의 궤적은, 인류가 화석연료라는 풍요의 덫에서 벗어나기 위해 벌여온 처절한 투쟁의 기록이다.

제2장에서는 기후 위기에 대응하기 위한 국제사회의 거버넌스가 어떻게 형성되고 진화해 왔는지를 입체적으로 조명하고자 한다. 그 여정의 시작은 차가운 데이터로 무장한 과학자들의 헌신적인 경고였다. 기후변화에 관한 정부 간 협의체(IPCC)는 불확실성이라는 안개 속에 가려져 있던 지구 온난화의 실체를 과학적 사실로 규명해 냈고, 이는 국제 정치가 더 이상 외면할 수 없는 강력한 도덕적 압박이자 정책적 근거가 되었다.

과학이 쏘아 올린 경고는 1992년 리우 지구정상회의를 거쳐 1997년 교토의정서라는 사상 첫 '강제 감축'의 시대로 이어졌다. 비록 교토 체제는 일부 국가의 불참과 하향식 규제의 한계로 인해 완전한 성공을 거두지는 못했으나, 탄소에 '가격'을 매기고 시장 기제를 도입하는 등 기후 경제학의 초석을 놓는 중요한 예방 주사 역할을 했다.

이러한 시행착오의 자양분 위에서 2015년 파리협정이라는 '신기후체제'가 탄생했다. 선진국과 개도국 모두가 참여하는 자발적 기여(NDC) 방식과 '1.5도'라는 명확한 목표 설정은, 전 세계 경제 시스템에 "더 이상의 탄소 배출은 공짜가 아니다"라는 강력한 신호를 보냈다. 이제 기후 대응은 환경보전 과제를 넘어 글로벌 무역과 투자, 그리고 산업 경쟁력을 결정짓는 핵심 표준(Global Standard)이 되었다.

한국 역시 이 거대한 파고에서 예외일 수 없었다. 국제적 압박과 국내 산업의 현실 사이에서 한국은 아시아 최초의 배출권거래제 도입이라는 결단을 내렸다. 이 과정에서 목격된 치열한 정책 갈등과 이를 조정해 나간 중개자들의 분투는, 국제적 표준을 국내 시스템으로 내면화하는 과정에서 겪어야 할 필연적인 산통이었다.

본 장에서는 IPCC의 과학적 헌신부터 파리협정의 극적인 타결, 그리고 한국형 배출권거래제의 도입 과정까지를 돌아보며, 국제사회의 대응이 한국 사회에 던지는 시사점과 우리가 나아가야 할 능동적인 생존 전략이 무엇인지 깊이 있게 고찰해 보고자 한다.

과학의 경고, 정치의 응답

1 객관적 진실의 수호자: 기후변화는 어떻게 '사실'이 되었는가

우리는 흔히 정치를 '가능성의 예술'이라 부르지만, 기후변화라는 거대한 인류사적 과제 앞에서 정치는 철저히 '과학의 하인'이어야 했다. 인류가 화석연료를 태우며 구가해 온 풍요의 뒷면에 기후 재앙이라는 거대한 계산서가 도착하고 있음을 가장 먼저 고발한 것은 정치인도, 환경운동가도 아니었다. 그것은 실험실과 관측소에서 차가운 데이터를 숫자로 읽어내던 과학자들이었다.

1980년대 후반 지구온난화에 대한 우려가 학계를 넘어 대중적 관심을 받기 시작할 무렵 국제사회는 매우 이례적이고도 강력한 결단을 내린다. 1988년 세계기상기구(WMO)와 유엔환경계획(UNEP)이 공동으로 '기후변화에 관한 정부 간 협의체(IPCC)'를 설립한 것이다. IPCC는 스스로 연구를 수행하는 기관이 아니다. 전 세계 수천 명의 과학자가 발표한 연구 결과물들을 엄격하게 검토하고 요약하여 인류가 직면한 위기의 실체를 '객관적 언어'로 번역해 주는 거대한 지식의 필터이자 수호자다.

이들이 던진 메시지는 명확했다. 기후변화는 먼 미래의 가설이 아니라 지금 이 순간 우리가 발을 딛고 있는 지표면 위에서 벌어지는 실제적 위협이라는 점이다. 과학이 제시한 이 '객관적 진실'은 이후 국제 정치가 외면할 수 없는 가장 강력한 도덕적, 경제적 압박으로 작용하기 시작했다.

2   보이지 않는 적: 기후 회의론의 정체와 위력

IPCC의 성취를 이해하기 위해서는 먼저 그들이 싸워온 거대한 장벽인 '기후 회의론(Climate Skepticism)'을 살펴봐야 한다. 이는 단순한 과학적 의문을 제기하는 수준을 넘어, 거대 자본과 정치 논리가 결합한 조직적인 저항이었다. 회의론자들은 "지구 온난화는 자연적인 주기일 뿐이다", "이산화탄소보다 태양 활동의 영향이 더 크다", 혹은 "기후 위기는 특정 세력이 만든 사기극이다"라는 주장을 유포하며 대중을 혼란에 빠뜨렸다.

이러한 논리는 특히 미국의 보수 진영에서 강력한 힘을 발휘했다. 도널드 트럼프 대통령이 기후변화를 "중국이 만든 조작"이라 부르며 파리협정 탈퇴를 강행했던 배후에는 규제 강화를 반대하는 화석연료 기업들의 로비와 결합한 회의론적 프레임이 견고하게 자리 잡고 있었다. IPCC는 지난 수십 년간 이러한 정치적·경제적 선동에 맞서 오직 '동료 검토(Peer Review)'를 거친 엄밀한 과학적 데이터로 기후변화가 인위적 결과임을 증명해 냈다. 결국 IPCC의 보고서는 회의론자들의 논리적 근거를 하나하나 무너뜨리며, 기후 위기를 '논쟁의 영역'에서 '실천의 영역'으로 옮겨놓는 결정적 역할을 수행했다.

3   불확실성에서 확신으로:
여섯 번의 경고음과 이회성 의장의 리더십

　IPCC가 지난 30여 년간 내놓은 여섯 차례의 평가보고서(AR)는 인류가 스스로 과오를 인정해 가는 참회의 기록과도 같다. 1990년 제1차 보고서가 지구온난화의 가능성을 조심스럽게 언급했다면 보고서가 거듭될수록 과학적 확신의 강도는 가팔라졌다.

　특히 2015년부터 2023년까지 IPCC를 이끈 이회성 의장의 역할은 한국뿐만 아니라 전 세계 기후 역사에 한 획을 그었다. 경제학자 출신인 그는 인류 역사상 가장 긴박했던 시기에 발간된 제6차 평가보고서(AR6)를 진두지휘했다. AR6는 더 이상 유보적인 태도를 취하지 않고, "인간의 영향으로 대기, 해양 및 지표면이

온난화되었다는 것은 명백하다(Unequivocal)"라고 선언했다.

이 의장은 한국에서 개최된 제48차 IPCC 총회에서 '지구 온난화 1.5℃ 특별 보고서'를 만장일치로 채택시키는 저력을 발휘했다. 그는 기후변화를 단순한 환경 문제를 넘어 '지속 가능한 발전'과 '경제적 전환'의 관점에서 풀어내며 전 세계 정부의 합의를 끌어냈다. 이러한 리더십은 권원태 박사, 김용건 박사 등 수많은 한국 과학자가 주저자(Lead Author)로 참여하며 쌓아온 실무적 헌신과 맞물려, 국제사회에서 한국의 기후 리더십을 각인시킨 역사적인 장면이 되었다.

< IPCC 평가보고서(AR) 주요 발자취 >

수 (발행년도)	기후변화 원인에 대한 과학적 확신도	핵심 메시지
1차 (1990)	가능성 있음 (Could be)	기후변화 대응을 위한 국제 협약 체결의 근거 마련
3차 (2001)	가능성 높음 (Likely, 66% 이상)	인간 활동에 의한 온난화 가능성 구체적 명시
5차 (2014)	가능성 매우 높음 (Extremely Likely, 95% 이상)	21세기 말 2℃ 이내 상승 제한 목표의 과학적 근거
6차 (2023)	명백함 (Unequivocal)	인간 활동이 온난화의 주범임이 부정할 수 없는 사실임

출처 IPCC 제6차 평가보고서(2023) 재구성

4 　지식과 권력의 만남: 과학이 정치를 움직이는 방식

IPCC 보고서가 갖는 진정한 힘은 그것이 정부 간 협의체라는 점에 있다. 보고서의 '정책 결정자를 위한 요약본(SPM)'은 전 세계 정부 대표들이 모여 단어 하나하나를 검토하고 승인하는 과정을 거친다. 과학적 사실이 정치적 합의를 입는 순간이다.

이러한 지식의 힘은 1992년 리우 지구정상회의에서 유엔기후변화협약(UNFCCC)이 채택되는 결정적 기반이 되었다. 과학자들이 제시한 온실가스 농도 안정화라는 목표가 없었다면, 자국의 이익을 우선시하는 국가들이 한자리에 모여 기후 정의를 논하는 일은 불가능했을 것이다. 결국 기후변화 대응의 역사는 과학적 발견이 정치적 행동으로 전이되는 과정이었다. 과학이 "지구 온도가 1.5도 이상 오르면 돌이킬 수 없는 재앙이 닥친다"라고 경고하면, 정치는 그 경고를 수용하여 탄소중립이라는 정책적 목표를 설정한다.

5 　데이터가 던지는 경제적 함의: 비가역적 전환의 시작

오늘날 IPCC의 경고는 환경적 측면을 넘어 경제적 패러다임의 전환을 요구하고 있다. 이회성 의장이 강조했듯, 기후 행동의 비용보다 방치의 비용이 훨씬 크다는 사실은 이제 부정할 수 없는 경제적 상식이 되었다. 과학적 데이터가 지목하는 탄소 배출의 한계치는 기업에는 탄소 비용으로, 국가에는 새로운 무역 장벽으로 변모하고 있다.

기후 위기의 과학적 규명은 이제 우리에게 묻고 있다. 우리가 누려온 고탄소 성장의 유통기한이 다했음을 인정할 준비가 되었는가? IPCC가 쌓아 올린 견고한 데이터의 탑은 이제 한국 사회를 향해서도 엄중한 답변을 요구하고 있다. 과학의 경고는 끝났다. 이제 남은 것은 그 경고에 응답하는 우리의 정치적 결단과 경제적 전환뿐이다.

약속과 실천의 괴리

1   리우의 드라마: '지속 가능한 발전'의 탄생과 지연된 정의

1992년 6월 브라질 리우데자네이루에는 인류 역사상 전례 없는 인파가 몰려들었다. 114개국 정상과 178개국 대표단, 그리고 수천 명의 활동가가 모인 '유엔환경개발회의(UNCED)'는 표면적으로는 지구를 구하기 위한 축제였으나, 그 이면은 한 치의 양보도 없는 총성 없는 전쟁터였다.

이 회의가 남긴 가장 거대한 지적 유산은 바로 '지속 가능한 발전(Sustainable Development)'이라는 개념의 공식화였다. 1987년 브룬트란트 보고서(Our Common Future)에서 처음 제시된 이 개념은 리우에서 국제사회의 보편적 규범으로 승격되었다. 하지만, 이 유려한 문구 뒤에는 선진국과 개발도상국(개도국) 사이의 뿌리 깊은 불신과 공포가 자리 잡고 있었다. 당시 남반구(Global South) 국가들에게 환경 보호는 '녹색 제국주의'의 또 다른 이름이었다. 그들은 "당신들은 200년 동안 석탄을 태워 부를 쌓아놓고, 이제 와서 우리에게 가난하게 살라는 것이냐"라며 격렬히 저항했다.

이에 대해 북반구(Global North)의 선진국들은 "환경 재앙 앞에는 국경이 없다"라는 도덕적 명분으로 맞섰다. 이 팽팽한 평행선 위에서 탄생한 것이 바로 유엔기후변화협약(UNFCCC)이며, 그 철학적 기둥이 '공동의 그러나 차별화된 책임(Common But Differentiated Responsibilities, CBDR)' 원칙이다. 이 원칙은 단순한 외교적 수사가 아니라, 기후 경제학적 관점에서 매우 중요한 의미를 지닌다. 니콜라스 스턴(Nicholas Stern)은 이를 '역사적 배출 책임에 대한 인정'과 '현재의 경제적 역량'을 동시에 고려한 인류 최초의 전 지구적 비용 분담 모델이라고 평가했다.

하지만 리우의 합의는 '무엇을 할 것인가'라는 건 정했지만 '어떻게 강제할 것인가'라는 건 빠져 있었다. 선진국들은 자발적 노력이라는 모호한 단어 뒤로 숨었고, 개도국들은 기술 이전과 재정 지원이라는 약속이 실현되지 않을 것임을 직감하고 있었다. 2018년 노벨 경제학상 수상자인 윌리엄 노드하우스(William Nordhaus)가 그의 연구에서 지적했듯, 구속력 없는 합의는 각 국가가 자국의 단기적 경제 이익을 좇는 '무임승차(Free-riding)'를 막을 수 없었다. 리우 회의는 인류가 지구적 위기를 공동의 과제로 인식하게 하는 데 성공했지만, 동시에 각국의 이기심이 얼마나 견고한지를 확인시켜 준 '지연된 정의'의 시작이기도 했다.

'지속 가능한 발전'과 기후변화의 상관관계는 바로 이 지점에서 극대화된다. 기후변화 대응은 단순히 온실가스를 줄이는 기술적 문제를 넘어, 전 지구적인 부의 재분배와 세대 간 형평성, 그리고 에너지를 사용하는 문명 구조 자체의 대전환을 의미하기 때문이다. 리우에서 뿌려진 이 거대한 질문의 씨앗은 이후 30년 기후 협상의 역사를 관통하는 가장 핵심적인 갈등의 축이 되었다.

2   교토의정서의 도박: 강제 감축과 시장 매커니즘의 실험

리우의 합의가 인류가 나아가야 할 '방향'을 제시했다면 1997년 일본 교토에서 열린 제3차 당사국총회(COP3)는 그 방향으로 가기 위한 '속도'와 '강제성'을 확정한 역사적 도박이었다.

12월의 교토는 매서운 추위만큼이나 협상장 안의 냉기 또한 가득했다. 각국 대표단은 소수점 단위의 감축 목표치를 두고 며칠 밤을 지새우며 설전을 벌였고, 회의는 예정된 시한을 넘겨 극적으로 타결되었다. 그 결과물이 바로 온실가스 감축에 법적 구속력을 부여한 교토의정서(Kyoto Protocol)다.

이 의정서의 핵심은 이른바 부속서 I(Annex I)로 분류된 선진국들에 대해 1990년 대비 평균 5.2%의 감축 의무를 지운 것이다. 하지만 국가별 사정에 따라 그 무게는 달랐다. 유럽연합(EU)은 -8%라는 가장 공격적인 목표를 수용하며 기후 리더십을 발휘했지만, 미국은 -7%, 일본은 -6%를 할당받았다. 흥미로운 점은 모든 국가가 감축을 약속한 것은 아니라는 사실이다. 당시 경제 성장이 절실했던 호주는 오히려 8% 증가를 허용받았고, 아이슬란드(10% 증가), 노르웨이(1% 증가) 등도 예외적인 지위를 인정받았다. 이는 기후 협상이 과학적 당위성만큼이나 국가 간의 치열한 정치적 타협의 산물임을 보여준다.

특히 교토의정서의 가장 큰 학술적·정책적 쟁점은 '유연성 체제(Kyoto Mechanisms)'의 도입이었다. 유연성 체제는 크게 배출권거래제(ETS), 청정개발체제(Clean Development Mechanism, CDM), 공동이행(Joint Implementation, JI)으로 나뉘는데, 특히 CDM과 JI의 구분은 매우 중요하다. CDM은 선진국(부속서 I 국가)이 감축 의무가 없는 개발도상국에 자본과 기술을 투자하여 온실가스를 줄이고 그 실적(CER)을 자국의 감축분으로 인정받는 제도다. 이는 선진국에게는 비용 절감을, 개도국에게는 기술 이전을 제공하는 상생의 모델로 설계되었다. JI는 의무 감축국인 선진국들 사이에서 이루어지는 공동 프로젝트다. 주로 경제 전환기에 있던 동유럽 국가들에 서유럽의 자본이 투입되어 감축을 달성하고 그 실적(ERU)을 나누는 방식이다. 이러한 메커니즘은 '가장 낮은 비용으로 전 지구적 감축 극대화'라는 경제적 효율성을 현실 정치에 구현하려 했던 인류의 거대한 실험이었다(노드하우스, 2018).

3 격돌하는 이해관계와 한국의 선택: 선진국과 개도국 사이의 '정책 중개자'

교토의정서 협상 무대는 인류의 미래를 담보로 한 거대한 '비용 분담의 전쟁터'였다. 1990년대 중반 국제사회는 크게 두 진영으로 갈라져 팽팽하게 맞서고 있었다. 한쪽에는 산업화의 역사적 책임을 지고 대폭적인 감축을 요구받는 부속서 I(Annex I) 선진국 그룹이 있었다. 이들은 자국 산업의 위축을 우려하며, 중국과 인도 같은 신흥 배출국들도 감축에 동참해야 한다고 압박했다. 반대편에는 "성장할 권리를 빼앗지 말라"며 선진국의 전폭적인 기술·재정 지원을 요구하는 77그룹(G77, 개도국 모임)이 결사 항전의 태세로 맞섰다. 이들에게 기후변화는 환경 문제이기 이전에 '사다리 걷어차기' 식의 경제적 불평등 문제였다.

이 긴박하고 날 선 전장 속에서 대한민국은 인류 외교사에서 유례를 찾기 힘든 독특하고도 고통스러운 위치에 처해 있었다. 1996년 OECD 가입은 한국에 '선진국 진입'이라는 훈장이었지만, 기후 협상장에서는 '독이 든 성배'와 같았다. 선진국들은 한국에 감축 의무를 수용하라고 압박했고, 개도국 동료들은 한국이 자신들을 배신하고 선진국 편에 섰다며 비난했다. 당시 한국의 산업 구조는 여전히 에너지를 다량으로 소비하는 철강, 석유화학 중심의 제조업 기반이었기에, 선진국과 동일한 수준의 감축 의무를 지는 것은 국가 경제의 근간을 흔드는 일이었다.

여기서 한국은 단순한 관찰자나 피해자의 위치를 거부하고, 국제 정치의 문법을 새로 쓰는 전략을 택했다. 그것이 바로 2000년 결성된 환경건전성그룹(EIG, Environmental Integrity Group)이다. 한국은 스위스, 멕시코, 모나코, 리히텐슈타인과 함께 이 소그룹을 주도했다. EIG는 규모는 작았지만, 선진국(Annex I)과 개도국(Non-Annex I) 어디에도 속하지 않는 제3의 길을 제시하며 협상장의 캐스팅보트를 쥐었다.

EIG 활동은 한국이 국제 무대에서 단순한 피 규제자를 넘어 '정책 형성자(Policy Shaper)'로서 역량을 키우는 결정적 계기가 되었다. 당시 한국 협상단은 밤샘 토론을 거듭하며 선진국의 엄격한 환경 가치와 개도국의 생존 논리 사이에서 실현 가능한 접점을 찾아냈다. "의무는 차별화하되, 행동은 공통으로 한다"라는 논리를 개발해 양측을 설득했다. 당시 한국이 보여준 중개 외교의 기술은 훗날 우리가 녹색기후기금(GCF) 사무국을 인천 송도에 유치하고, 아시아에서 가장 선진적인 배출권거래제(K-ETS)를 설계할 수 있었던 보이지 않는 뿌리가 되었다.

이러한 정책적 경험은 한국 사회 내부에도 깊은 시사점을 던졌다. 국제적 흐름에 등 떠밀려 수동적으로 대응하는 것이 아니라, 우리가 먼저 대안을 제시하고 국제 표준을 만들어갈 때 비로소 국익을 보호할 수 있다는 값진 교훈을 얻은 것이다. 교토 체제의 혼란 속에서 한국이 걸어온 이 '제3의 길'은, 오늘날 우리가 직면한 탄소중립의 파고를 넘는 데 필요한 가장 중요한 외교적·전략적 자산으로 남아 있다.

4 교토 체제의 위기와 구조적 한계: 파리로 향하는 쓰디쓴 교훈

교토의정서는 탄생부터 발효까지 한 편의 서스펜스 드라마였다. 2001년 미국 부시 행정부가 "자국 경제에 해가 되고 중국에는 감축의무가 없다"라는 이유로 전격 탈퇴를 선언했을 때 교토의정서는 사산(死産)될 위기에 처했다. 협약이 발효되려면 '전체 배출량의 55%를 차지하는 55개국 이상의 비준'이 필요했기 때문이다. 미국의 이탈로 모든 시선은 러시아로 쏠렸다.

당시 러시아는 기후변화에 큰 관심이 없었으나, WTO 가입 지지라는 정치적 실리를 챙기는 조건으로 2004년 마지막 열차에 탑승했다. 러시아의 이 극적인 참여로 교토의정서는 가까스로 숨을 틔울 수 있었다. 하지만 미국의 탈퇴가 남긴 상처는 깊었다. 세계 최대 배출국이 빠진 상태에서 다른 국가들의 의지는 약해질 수밖에 없었다. 실제로 캐나다는 감축목표 달성이 어려워지자 2011년 공식 탈퇴를 선언했고, 일본과 러시아 또한 2차 공약 기간 참여를 거부하며 도미노처럼 무너졌다. 미국의 무책임한 태도가 국제사회의 신뢰라는 가장 중요한 자산을 파괴한 결과였다.

또한 교토 체제는 급성장하는 중국과 인도를 시스템 안으로 끌어들이지 못한 채 선진국들만 채찍질하는 구조적 한계를 보였다. 결국 교토 체제는 인류에게 매우 값비싼 교훈을 남겼다. "강요된 숫자는 결코 지켜지지 않는다"는 것과 "미국과 같은 강대국의 동참 없이는 전 지구적 문제를 해결할 수 없다"라는 현실이었다. 이 쓰디쓴 실패는 훗날 '위에서 누르는 강제'가 아닌 '밑에서부터 올라오는 자발적 기여(NDC)'를 핵심으로 하는 파리협정의 가장 정교한 오답 노트가 되었다. 교토의 극적인 몰락은 역설적으로 인류가 더 영리하고 포용적인 신기후체제로 나아가게 만든 자극제가 된 셈이다.

고립을 넘어 연대로,
제3의 길을 열다

기후변화 협상장이라는 총성 없는 전쟁터에서 대한민국은 오랫동안 '미운 오리 새끼'와 같았다. 개발도상국 블록인 '77그룹(G77)'은 경제 대국으로 성장한 한국을 시샘하며 자기 진영으로 끼워주길 주저했고, 그렇다고 선진국 그룹(Annex I)에 들어가기에는 우리가 져야 할 책임의 무게가 너무 컸다. 양쪽 어디에도 속하지 못한 채 협상장 구석을 맴돌던 '외로운 섬', 그것이 당시 한국 기후 외교의 현주소였다.

이런 고립무원의 상황에서 돌파구를 마련한 것이 2000년 결성된 EIG(Environmental Integrity Group)였다. 당시 OECD 대표부에서 함께 근무했던 김찬우 대사(당시 참사관)와 최재철 대사 같은 이들이 스위스, 멕시코 등 처지가 비슷한 나라들과 손을 잡고 '환경적 건전성'이라는 인류 보편의 가치를 기치로 내건 것이다.

하지만 EIG 내부 사정도 녹록지 않았다. 박꽃님이 '기후변화 협상의 진행 절차'에서 지적했듯 EIG는 불과 6개국으로 구성된 소수 그룹임에도 불구하고 그 안의 견해 차이는 협상장 전체의 축소판과 같았다. 멕시코는 개도국의 처지를 대변했고, 스위스는 선진국 태도를 고수했다. 그 사이에서 한국은 중재자로서 양쪽의 이견을 조율하느라 밤잠을 설쳐야 했다. 소수 정예 그룹 안에서조차 합의를 도출하는 것이 얼마나 고통스러운 과정인지 현장의 긴장감은 상상 이상이었다.

그 인고의 시간 끝에 한국이 주도하여 EIG의 이름으로 내놓은 결정적 카드는 'NAMA(Nationally Appropriate Mitigation Actions, 적절한 국가별 감축 행동)'와 '격년갱신보고서(Biennial Update Reports, BUR)' 체계였다. 당시 개도국들은 선진국처럼 강제적인 감축 의무를 지는 것에 강하게 반발하고 있었다.

이때 한국은 "각국의 역량에 맞게(Nationally Appropriate), 스스로 감축 행동을 정하고 이를 국제사회에 등록하자"라는 NAMA 개념을 전면에 내세웠다. 이는 선진국에는 '개도국의 참여'라는 명분을 주고, 개도국에는 '자발적 선택'

이라는 실리를 주는 신의 한 수였다. 이와 더불어 이러한 감축 행동이 말로만 끝나지 않도록 2년마다 정기적으로 보고서를 제출하게 하는 '격년갱신보고서(BUR)' 체계까지 패키지로 제안했다.

EIG의 이름으로 이 중재안이 발표되자 협상장은 술렁였다. 항상 평행선을 달리던 77그룹과 선진국 그룹 모두가 이례적으로 큰 호응을 보냈다. "선진국은 더 엄격하게, 개도국은 역량에 맞게"라는 한국식 중재안이 양 진영의 가려운 곳을 긁어주었기 때문이다.

거대 담론에 휩쓸리지 않고 6개국이 밤샘 토론을 거쳐 정제해 낸 '제3의 길'이 국제사회의 표준(Global Standard)이 되는 순간이었다. 오늘날 파리협정의 근간이 된 '투명성 체계'의 뿌리에는 이처럼 좁은 협상장 복도에서 서로 다른 입장을 조율하며 우리만의 목소리를 만들고자 했던 이들의 헌신이 숨어 있다.

거대한 전환, 파리협정 이후의 신기후체제

1   인고의 시간, 파리로 가는 길: 발리에서 더반까지

파리협정으로 가는 험난한 여정의 실질적인 출발점은 2007년 인도네시아 발리에서 열린 제13차 당사국총회(COP13)였다. 당시 세계는 2012년 만료를 앞둔 교토의정서 체제 이후, 즉 '포스트 2012' 체제를 어떻게 설계할 것인가라는 거대한 숙제를 안고 있었다.

COP13에서 도출된 '발리 로드맵(Bali Roadmap)'은 기후변화 역사에서 매우 중요한 이정표를 세웠다. 선진국뿐만 아니라 개도국도 감축 노력에 참여해야 한다는 원칙을 세우되, 그 방식에 있어 '측정, 보고, 검증할 수 있는 방식(MRV: Measurable, Reportable, Verifiable)'이라는 새로운 기준을 제시한 것이다.

당시 한국 정부로서는 발리는 기회이자 위기였다. 선진국들은 한국을 포함한 신흥 경제국들에 강력한 감축 의무를 요구했고, 우리 정부는 '개도국의 자발적 감축'이라는 논리로 이에 맞서야 했다. 이 발리에서의 치열한 협상은 이후 우리나라가 2009년 코펜하겐 총회를 앞두고 '배출전망치(Business As Usual, BAU) 대비 30% 감축'이라는 파격적인 국가 목표를 설정하게 된 직접적인 도화선이 되었다. 또한 발리 로드맵이 제시한 MRV 원칙은 훗날 우리가 설계하게 될 배출권거래제의 투명성과 공신력을 확보하는 기술적 기반이 되기도 했다.

하지만 발리에서 타오른 기대감은 이듬해 코펜하겐의 혹독한 겨울을 지나며 차갑게 식어갔다. 전 세계의 이목이 쏠린 가운데 열린 제15차 당사국총회(COP15)는 인류 역사상 가장 화려한 기후 축제가 될 것으로 기대되었으나 결과는 참담한 실패였다. 각국의 정상들이 모여 밤샘 토론을 벌였음에도 불구하고 구속력 있는 합의안 도출은커녕 서로의 견해 차이만 확인한 채 '유의한다(take note of)'라는 무력한 수사 속에 마무리 지어졌다. 과학적 당위성이 국가 이기주의라는 벽에 부딪혀 산산조각 난 순간이었다.

하지만 코펜하겐의 실패는 역설적으로 새로운 길을 여는 자양분이 되었다. '강제적 할당(Top-down)' 방식의 한계를 절감한 국제사회는 더 유연하고 포용적인 체제를 고민하기 시작했다. 그 고민의 산물이 2011년 남아프리카공화국 더반(COP17)에서 도출된 '더반 플랫폼'이다. 여기서 인류는 마침내 선진국과 개도국을 막론하고 2020년부터 모든 국가가 참여하는 '단일한 법적 체제'를 만들기로 합의했다.

발리에서 더반에 이르는 이 인고의 시간은 단순한 외교적 공방의 연속이 아니었다. 그것은 기후 대응이 더 이상 환경 운동가들의 구호가 아니라, 글로벌 경제질서를 재편하는 '새로운 문법'이어야 함을 전 세계가 처절하게 깨닫는 과정이었다. 이 험난한 여정이 있었기에 우리는 비로소 2015년 파리라는 기적 같은 합의의 문턱에 도달할 수 있었다.

이처럼 국제사회가 새로운 체제의 밑그림을 그리는 동안 무대 뒤에서는 가장 거대한 두 경제 엔진의 주인들이 움직이기 시작했다. 바로 미국과 중국이다. 사실 2009년 코펜하겐에서 서로를 향해 삿대질하며 파행을 주도했던 두 나라는 역설적으로 기후 위기가 자신들의 경제적 패권마저 위협할 수 있다는 실존적 공포를 공유하고 있었다.

특히 버락 오바마 대통령에게 기후변화는 자신의 정치적 유산을 완성할 '레거시(Legacy)'였고 시진핑 주석에게는 중국의 저효율·고탄소 산업 구조를 개혁하고 글로벌 리더십을 증명할 전략적 기회였다. 2014년 11월 베이징에서 열린 미·중 정상회담에서

두 정상이 나란히 서서 온실가스 감축 목표를 공동 발표한 장면
은 파리협정 타결을 알리는 실질적인 서막이었다. 세계 1, 2위 배
출국이자 전 세계 배출량의 약 40%를 차지하는 두 나라가 '기후
앞에서는 한 팀'임을 선언하자, 냉소적이었던 국제사회의 분위
기는 급반전되었다. 미·중 정상회담의 공동 선언은 "이제 기후는
패권 다툼의 예외 지대"라는 신호를 보냈고, 이는 협상 타결에 회
의적이었던 국가들을 협상 테이블로 복귀시키는 강력한 인장력
이 되었다.

이들의 막전 막후 협상은 파리협정의 독특한 구조인 '상향식
(Bottom-up)' 체제를 안착시키는 결정적 동력이 되었다. 미국은 자
국 의회의 비준을 피할 수 있는 유연한 체제를 원했고, 중국은 선
진국의 역사적 책임을 묻되 자신들의 성장판을 완전히 닫지 않을
길을 찾았다. 두 거인의 타협은 결코 이상주의적인 선의에서 나
온 것이 아니었다. 그것은 탄소 저감이 차세대 글로벌 표준이 될
것임을 직감한 철저히 계산된 경제적·정치적 선택이었다.

이처럼 G2가 닦아놓은 활주로 위에서 2015년 파리행 비행기
는 마침내 '모든 국가의 참여'라는 불가능해 보였던 목적지를 향
해 이륙할 수 있었다. 발리에서 시작되어 코펜하겐의 늪을 지나
더반과 베이징을 거친 이 험난한 여정은 기후 정치가 어떻게 글

로벌 경제의 새로운 패러다임으로 치환되는지를 보여주는 인류
사의 거대한 드라마였다.

2   바텀업(Bottom-up)의 혁명: 국가 결정 기여(NDC)의 도입

2015년 파리에서 열린 제21차 당사국총회는 기후 역사상 가장
극적인 '타협의 예술'이 발휘된 현장이었다. 지난 교토 체제가 선
진국들에 감축량을 일방적으로 할당하는 '하향식' 방식이었다면
파리협정의 가장 큰 혁신은 각국이 스스로 감축목표를 정해 제출
하는 '국가 결정 기여(NDC, Nationally Determined Contributions)'라는
상향식 방식을 채택한 것이다.

이러한 상향식 체제로의 패러다임 전환은 국제 정치의 냉혹한
현실을 반영한 고도의 전략적 선택이었다. 강제적 할당에 저항하
며 체제 자체를 부정했던 미국과 개발의 권리를 주장하며 의무에
서 비켜나 있던 중국을 한 울타리에 묶기 위해 '자율성'이라는 유
연한 미끼를 던진 셈이다. 이는 "완벽한 합의보다 불완전하더라
도 모두가 참여하는 시작이 낫다"라는 실용주의적 결단이기도
했다.

하지만, 자율성이라는 이름의 당근 뒤에는 '진전 원칙(Progression Principle)'이라는 강력한 채찍이 숨어 있다. 한번 제출한 목표는 이전보다 반드시 강화되어야 하며(No-backsliding), 결코 후퇴할 수 없다는 이 원칙은 국가의 자율성을 역설적으로 지속적인 압박으로 치환한다. 여기에 5년마다 시행되는 '전 지구적 이행 점검(Global Stocktaking)'은 각국의 성적표를 전 세계 앞에 투명하게 공개함으로써 기후 대응을 국제적인 평판과 신뢰도의 문제로 격상시켰다. 이에 대해 스턴은 파리협정이 "각국의 자발성을 존중하면서도, 5년마다 목표를 상향해야 하는 진전 원칙을 통해 지속적인 감축 동력을 확보했다"라고 평가한다.

그러나 이러한 정교한 정책적 장치들에도 불구하고 파리협정의 자율성은 여전히 태생적인 취약성을 안고 있다. 트럼프 행정부의 파리협정 탈퇴와 재가입 과정에서 목격했듯이 특정 국가의 국내 정치 상황이나 지도자의 성향에 따라 글로벌 약속이 단숨에 무력화될 수 있는 '가변성'이 존재하기 때문이다. 국제법적 구속력은 확보했으나 이를 어겼을 때 강제할 수 있는 '기후 경찰'이 없다는 점은 자율성 기반 체제가 극복해야 할 근본적인 한계다.

결국 신기후체제의 성패는 이 자율성을 어떻게 실질적인 경제적 강제성으로 연결하느냐에 달려 있다. 최근 유럽을 중심으로 논의되는 탄소국경조정제도(CBAM)나 ESG 투자 공시 의무화 등은 정치적 변덕에 휘둘리는 자율성의 빈틈을 '시장의 문법'으로 메우려는 시도들이다. "약속을 지키는 것은 자유지만, 지키지 않았을 때 감당해야 할 무역 장벽과 자본 이탈의 고통은 피할 수 없다"라는 실질적인 압박이 작동할 때만 우리는 트럼프식 고립주의를 넘어 지속 가능한 기후 정의를 실현할 수 있을 것이다.

3   1.5℃ 목표와 탄소중립: 새로운 경제 표준의 탄생

파리협정은 인류에게 '1.5도'라는 명확하고도 엄중한 종착지를 제시했다. 산업화 이전 대비 지구 온도 상승을 2도보다 훨씬 아래로 유지하고, 나아가 1.5도로 제한하기 위해 노력한다는 이 목표는 단순히 환경학적인 권고 수준에 머물지 않는다. 과학이 제시한 이 숫자는 글로벌 시장과 투자자들에게 "화석연료에 기반한 성장의 유통기한은 끝났다"라는 가장 강력하고도 비가역적인 시장 신호를 보냈기 때문이다. 이제 1.5도는 지구를 구하는 온도를 넘어 기업의 생존과 자본의 흐름을 결정짓는 '글로벌 경제의 새로운 표준'으로 등극했다.

이러한 변화의 중심에는 노드하우스가 주창한 '기후 클럽

(Climate Club)’의 논리가 실체화되고 있다. 그는 기후 대응에 소홀한 국가에 관세를 부과하는 등 경제적 불이익을 주는 ‘클럽’을 형성해야 한다고 강조해 왔는데, 이는 이제 이론을 넘어 현실이 되었다. 유럽연합(EU)이 주도하는 탄소국경조정제도(CBAM)가 그 대표적인 사례다. 이제 탄소를 많이 배출하며 물건을 만드는 국가는 수출길에서 거대한 무역 장벽을 마주하게 된다. “탄소 감축은 비용”이라며 외면하던 시대는 가고 이제는 “탄소 감축이 곧 수출 경쟁력”인 시대가 도래한 것이다.

자본 시장의 움직임은 더욱 매섭다. 세계 최대 자산운용사인 블랙록(BlackRock)의 래리 핑크 회장이 매년 투자 대상 기업들에 보내는 연례 서신은 이제 기후 리스크가 곧 투자 리스크라는 사실을 명확히 하고 있다. 탄소중립은 더 이상 환경단체의 선언적인 구호가 아니다. 이는 거대 자본이 투자를 결정하는 핵심 지표이자 기업 가치를 평가하는 잣대가 되었다. 기후변화에 능동적으로 대응하지 못하는 기업은 자본 시장에서 퇴출당하거나 조달 비용이 상승하는 실질적인 위협에 직면하게 된다.

결국 파리협정 이후의 세계는 탄소를 효율적으로 줄이는 국가와 기업이 자본과 시장을 독식하는 새로운 ‘녹색 패권’의 시대로 접어들었다. 1.5도라는 숫자가 쏘아 올린 탄소중립의 파고는 전 세계 공급망을 뒤흔들며 산업의 지도를 다시 그리고 있다. 우리가 누려온 고탄소 성장의 관성이 이제는 오히려 미래 성장을 가로막는 족쇄가 되고 있음을 직시해야 한다. 1.5도 목표는 우리에게 단순한 온도의 유지가 아닌 경제 체질의 근본적인 대전환을 요구하고 있다.

4 신기후체제의 마지막 퍼즐: 제6조 시장 메커니즘과 개도국에 대한 재정 지원

파리협정이 선언과 목표의 단계를 넘어 실질적인 이행의 엔진을 갖추게 된 결정적 계기는 바로 제6조 '시장 메커니즘'의 완성에 있다. 2021년 글래스고(COP26)에서 비로소 마침표를 찍은 이 조항은 국가 간의 감축 실적을 거래할 수 있는 통로를 열어줌으로써 기후 대응의 경제적 효율성을 극대화하는 마지막 퍼즐 역할을 한다.

제6조의 핵심은 '협력적 접근(6.2조)'과 '지속가능발전 메커니즘(6.4조)'에 있다. 이는 단순히 탄소 배출권을 사고파는 시장을 넘어 감축 기술이 부족한 개도국과 재원을 가진 선진국이 어떻게 '윈-윈(Win-Win)'할 수 있는지를 설계한 정교한 경제적 가이드라

인이다. 특히 이번 이행 규칙에서 가장 눈에 띄는 대목은 ‘상응 조정’의 도입이다. 이는 한 나라에서 판 감축 실적을 산 나라와 판 나라 양쪽 모두의 실적으로 잡는 ‘이중 계산’의 오류를 원천 차단한다. 환경적 건전성을 담보하기 위해 도입된 이 엄격한 회계 원칙은 탄소시장이 단순한 ‘숫자놀음’이 아니라 실질적인 지구 온도의 하강으로 이어져야 한다는 국제사회의 단호한 의지를 반영하고 있다.

제6조는 전 지구적 감축 비용을 획기적으로 낮출 수 있는 유력한 수단이다. 자본과 기술이 한 국가의 국경 안에만 머물지 않고 가장 효율적인 감축이 일어날 수 있는 곳으로 흐르게 유도하기 때문이다. 이는 기업들에 새로운 기회의 장을 열어준다. 국내에서 감축 한계 비용이 상승하고 있는 우리 기업에 해외 감축 사업을 통한 ‘국제감축실적(Internationally Transferred Mitigation Outcomes, ITMOs)’ 확보는 생존을 위한 핵심 전략이 될 수 있다.

나아가 제6조는 공적개발원조(Official Development Assistance, ODA)와의 결합을 통해 새로운 기후 외교의 지평을 넓히고 있다. 단순히 자금을 지원하는 시혜적 차원을 넘어 개도국의 저탄소 전환을 지원하고 그 결실인 감축 실적을 공유하는 ‘기후 파트너십’의 시대를 열고 있다. 결국 제6조라는 마지막 퍼즐이 맞춰짐으로써 신기후체제는 자발적 기여(NDC)라는 '약속'과 이를 실현할 '경제적 도구'를 모두 갖추게 되었다. 이제 탄소시장은 단순한 거래의 장을 넘어 인류가 공동의 목표를 향해 가장 효율적인 경로로 이동하게 만드는 거대한 조율 장치로 작동하고 있다.

그러나 이 대목에서 주목해야 할 것은 한국이 선도적으로 운영 중인 배출권거래제(K-ETS)의 향방이다. 제6조는 한국의 ETS가 향후 글로벌 탄소시장과 어떻게 연동될 것인가를 결정짓는 중대한 변수가 된다. 우리 기업들이 해외 감축 사업을 통해 확보한 '국제감축실적(ITMOs)'을 국내 배출권 시장에서 활용하는 체계를 구축하는 것은 이제 선택이 아닌 생존 전략이다. 즉, K-ETS는 이제 국내용 규제를 넘어 글로벌 탄소 금융 시스템과 맞물리는 거대한 톱니바퀴 일부가 되고 있다.

나아가 한국은 녹색기후기금(GCF) 본부를 유치한 국가로서 제6조가 지향하는 '선진국의 재원'과 '개도국의 감축'을 잇는 결정적인 가교 역할을 요구받고 있다. 선진국들이 매년 1,000억 달러 규모의 기후 재원을 마련하겠다는 약속이 실천으로 옮겨지는 과정에서 한국은 GCF를 활용해 개도국에 기술을 이전하고 그 결실로 감축 실적을 공유하는 '기후 파트너십'의 모델을 제시해야 한다. 결국 제6조라는 마지막 퍼즐이 맞춰짐으로써 신기후체제는 자율성에 기반하면서도 투명한 감시와 공정한 지원이라는 두 바퀴가 함께 굴러갈 수 있는 토대를 마련했다. 이 거대한 시장의 문법 속에서 한국이 단순한 참여자를 넘어 '정책 중개자'로서 어떤 리더십을 발휘하느냐가 앞으로 우리가 마주할 새로운 녹색 패권 시대의 성패를 가를 것이다.

< 신기후체제(파리협정)의 패러다임 전환 >

구분	교토의정서(1997~2020)	파리협정(2021~현재)
방식	하향식(Top-down)	상향식(Bottom-up)
적용 대상	선진국 중심(Annex I)	전 세계 모든 국가(195개국)
목표 설정	하달식 강제 감축 목표 부여	국가 결정 기여(NDC) 자발적 제출
시장 기제	교토 메커니즘(CDM, JI, ET)	국제시장 메커니즘(6.2조, 6.4조)

출처 파리협정의 이해(박덕영외, 2020)의 자료를 바탕으로 필자 재구성

국제적 표준과 국내적 수용의 접점

1 포스트 교토의 압박과 아시아 최초의 결단

한국의 기후변화 대응은 단순히 환경 보호라는 차원을 넘어 국제사회에서의 '책임 있는 중견국'으로서의 지위를 확보하기 위한 고도의 외교 전략과 맞물려 있다. 1997년 교토의정서 체제에서 한국은 개도국 지위를 유지하며 감축 의무를 유예받았으나, 이는 역설적으로 국내 기후 정책의 지체(Lag)를 불러왔다.

그러나 2000년대 후반부터 불어온 포스트 교토(Post-Kyoto) 논의는 한국을 사방에서 압박했다. 특히 2009년 코펜하겐 총회를 앞두고 선포된 '저탄소 녹색성장' 국가 전략은 이러한 외압을 내재화하여 신성장 동력으로 삼으려는 시도였다. 파리협정으로 향하는 길목에서 한국은 더 이상 '개발도상국'이라는 우산 뒤에 숨어 있을 수 없는 처지에 놓였다. 2009년 코펜하겐 총회를 앞두고 선포된 '저탄소 녹색성장'은 대외적인 생존 전략이자 대내적인 경제 패러다임의 전환 선언이었고, 이 거대한 담론의 실행 기제로 선택된 것이 바로 배출권거래제였다.

탄소에 가격을 매겨 시장에서 거래하게 하는 이 제도는 가장 효율적인 감축 수단이었으나, 동시에 제조업 중심의 한국 경제 생태계에는 유례없는 충격파를 예고하는 것이었다. 아시아 국가 중 최초로 전국 단위의 시장을 개설하겠다는 도전은 국제사회의 찬사와 국내 산업계의 비명이 교차하는 지점에서 시작되었다.

2   친환경 연합과 친시장 연합의 생존권 충돌

배출권거래제 도입을 둘러싼 갈등은 단순한 찬반 논리를 넘어선 '생존권의 충돌'이었다. 포스코, 삼성전자 등 에너지 다소비 업종을 중심으로 한 산업계는 국제 경쟁력 약화와 비용 전가를 이유로 강력히 반발했다. 에너지 다소비 업종은 공정 특성상 전기를 탄소 배출 없이 사용하기가 불가능에 가깝다는 점을 강조했다. 이미 세계 최고 수준의 에너지 효율을 달성한 국내 기업들에 추가적인 감축은 기하급수적인 비용 상승을 의미했고, "정부가 제시하는 배출 허용 총량이 기업의 생산 계획과 성장을 전혀 고려하지 않은 탁상행정"이라며 비판의 수위를 높였다. 반면 기후 위기의 시급성을 강조하는 친환경 진영은 "더 이상의 지체는 국가적 손실"이라며 제도의 조기 안착을 요구했다.

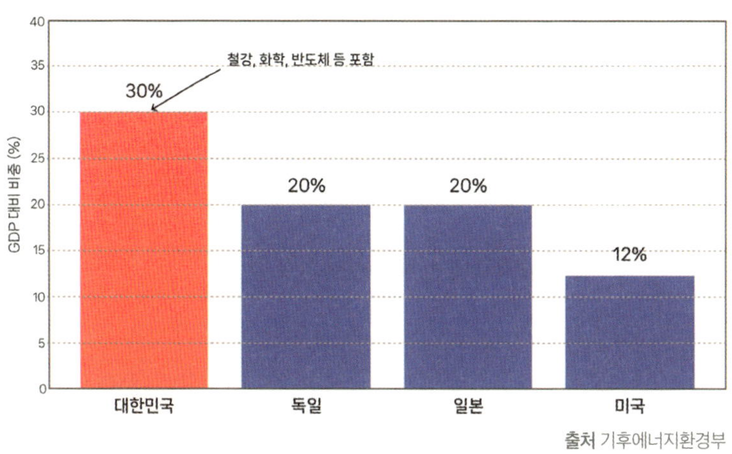

이 과정에서 부처 간의 갈등도 극에 달했다. 산업을 우선하는 지식경제부(현 산업통상자원부)와 환경 가치를 수호하는 환경부 사이의 주도권 다툼은 가히 전쟁터와 같았다. 환경부는 "지금 비용을 지급하지 않으면 미래에는 훨씬 더 큰 전환 비용을 지급해야 한다"라며 기후 위기의 시급성을 강조하며 '환경 정의'와 '국제적 신뢰'를 최우선 가치로 내세웠다.

반면 기획재정부와 지식경제부는 "탄소 가격제 도입은 사실상 제조업에 대한 추가 세금이며, 이는 기업의 해외 이전을 촉발하여 제조업 기반의 한국 경제가 감당해야 할 비용적 측면과 산업 경쟁력 약화를 우려하며 격렬하게 저항했다. 이러한 갈등은 단순

한 부처 이기주의가 아니라 국가의 한정된 자원을 '현재의 성장'
과 '미래의 생존' 중 어디에 우선 배분할 것인가를 둔 거대한 담
론의 충돌이었다.

3   정책 중개자의 분투와 갈등의 조정

이 교착 상태를 깨는 결정적 열쇠는 이른바 '정책 중개자(Policy
Broker)'였다. 이들은 정책의 창(Policy Window)이 열리는 순간을 놓
치지 않는 정책 혁신가로서 친환경 연합과 친시장 연합 사이의
뿌리 깊은 갈등을 타개하기 위해 적극적인 중개 혁할을 수행하
였다.

이들은 양측의 극단적인 요구 사항을 중재하기 위해 '유연성
기제'를 정교하게 설계했다. 초기 시장 안착을 위해 무상 할당 비
중을 높게 설정하여 연착륙을 유도했고, 효율이 좋은 기업이 더
많은 배출권을 받는 벤치마크(BM) 할당 방식을 제안하여 산업계
내에서도 혁신을 유도하는 타협안을 제시했다. 또한 기업이 외부
에서 감축한 실적을 인정해 주는 상쇄 배출권을 허용하거나 미래
의 배출권을 당겨 쓸 수 있게 차입을 허용함으로써 심리적 저항
선을 낮추었다.

이러한 정책 중개자들은 때로는 부드러운 설득으로, 때로는 강력한 정치적 의지로 친시장 연합의 균열을 만들어냈고, 마침내 2012년 관련 법안의 국회 통과라는 결실을 보았다.

< ACMS 모형의 틀 >

출처 양승일을 근거로 재구성

4 국제적 파고 속 한국의 생존 전략

이제 기후 대응은 더 이상 선택의 문제가 아닌 생존의 문제가 되었다. 교토 체제에서 파리협정으로 이어지는 국제적 흐름은 이제 탄소국경조정제도(CBAM)와 같은 강력한 경제적 실익과 결합하며 새로운 무역 질서를 형성하고 있다.

한국의 배출권거래제는 스턴이 "역사상 가장 거대한 시장의 실패"라고 규정한 기후 위기를 극복하고 탄소의 가치를 경제 시스템 내부로 끌어들이기 위한 인고의 산물이다. 배출권거래제 도입 과정에서 얻은 갈등 조정의 경험은 앞으로 우리가 직면할 더 큰 과제들을 해결하는 소중한 자산이 될 것이다.

국제사회가 요구하는 탄소중립의 파고를 넘기 위해서는 규제에 대한 수동적 대응을 넘어 기술 혁신과 시장 기제를 활용한 능동적 선도로 나아가야 한다. 결국 우리가 확인한 국제사회의 약속들은 이제 한국 경제의 체질 개선을 요구하는 엄중한 숙제로 우리 앞에 놓여 있다.

온실가스배출권거래제:
탄소중립의 해법인가, 면죄부인가

EU 탄소국경조정제도와
2035 NDC의 솔루션을 담은
대한민국 기후 리포트

제3장

탄소의 가격표,
시장 실패를 고정하는 인류의 지혜

환경정책의 철학적 토대와 개입의 정당성

경제적 유인 제도의 분화와 배출권거래제의 탄생

미국 산성비 프로그램의 대서사시

국제 정치의 역설과 글로벌 탄소시장의 형성

가격과 수량의 고차 방정식

🔍 기후 상식 돋보기 **몬트리올의 성공과 파리의 도전: 무엇이 달랐나**

환경정책의 철학적 토대와 개입의 정당성

1 경제학적 관점에서의 환경오염: '공유지의 비극'과 시장의 한계

우리가 숨 쉬는 공기, 도심을 흐르는 강물, 그리고 지구의 기후는 누구의 소유도 아니다. 경제학에서는 이를 '공공재'라 부르지만, 현실에서는 주인이 없기에 누구나 먼저 가져다 쓰고 오염시켜도 책임지지 않는 '공유지의 비극(Tragedy of the Commons)'이 발생한다. 기업이 제품을 생산하면서 뿜어내는 이산화탄소는 지구온난화라는 사회적 비용을 발생시키지만, 그 비용은 기업의 회계장부 어디에도 기록되지 않는다. 이를 경제학에서는 '부(負)의 외부효과'라 부르며, 시장이 스스로 자원을 효율적으로 배분하지 못하는 상태, 즉 '시장 실패'로 정의한다.

영국의 경제학자 개릿 하딘(Garrett Hardin)이 설파한 '공유지의 비극'은 이 상황을 극명하게 보여준다. 마을의 공동 목초지가 누구의 소유도 아닐 때, 마을 사람들은 자신의 이익을 극대화하기 위해 더 많은 양을 방목하게 되고, 결국 목초지는 황폐해져 모두가 파국을 맞이하게 된다. 환경 역시 마찬가지이다. 탄소를 배출하는 행위가 '공짜'인 한, 기업과 개인은 이를 줄일 경제적 동기를 갖지 못한다. 시장이 스스로 자원을 배분하는 데 실패한 이 지점에서, 국가의 개입은 단순한 권력을 넘어 공동체의 생존을 위한 정당성을 얻게 된다.

2   명령 지시적 규제(Command and Control): 전통적 파수꾼의 역할과 한계

환경 문제에 대응하기 위해 인류가 가장 먼저 도입한 방식은 정부가 직접 칼자루를 쥐는 '명령 지시적 규제'였다. 이는 법규나 행정명령을 통해 오염 행위를 직접 금지하거나 제한하는 방식으로, 우리 환경 행정의 뿌리를 이루고 있다. 예를 들면 공장 굴뚝에 필터를 달도록 명령하고, 연료의 황 함유량을 법으로 정하며, 이를 어길 시 조업 정지나 형사 처벌이라는 칼을 휘두르는 방식이 있다. 정회성과 변병설에 의하면 이러한 방식은 다음과 같은 3가지 유형으로 구분된다.

첫째, 시설 부문에 대한 인허가는 가장 강력한 사전적 규제이다. 국가는 국민의 건강과 생활환경 보호를 위해 원칙적으로 오염물질 배출시설의 설치를 금지한다. 다만, 사업자가 법에 정한 엄격한 요건을 갖추고 오염 방지 대책을 수립했을 때만 예외적으로 '허가'라는 이름의 빗장을 열어준다. 사업자는 시설 설치 전 배출허용기준 준수 여부를 심사받아야 하며, 공사 완료 후에도 실제 가동 전에 허가 조건을 충족하는지 다시 한번 검토받는 꼼꼼한 과정을 거친다.

둘째, 원료와 제품에 대한 인허가는 오염의 근원을 차단하는 장치이다. 주로 화학제품에 적용되는 이 제도는 새로운 화학물질이 시장에 출시되기 전, 인간 건강과 생태계에 미칠 잠재적 위험을 국가가 미리 검증한다. 스톡홀름 협약과 같은 국제 규범과 발맞추어, 이제 제품의 허가는 국경을 넘어 글로벌 공급망의 안전을 담보하는 필수 절차가 되었다.

셋째, 환경 관련 사업 인허가는 일종의 진입 규제이다. 오염방지시설을 설계하거나 시공할 때, 일정한 기술 인력과 장비를 갖춘 자에게만 사업권을 부여함으로써 방지 시설의 신뢰성을 담보한다.

물론 이러한 방식은 특정 오염물질을 즉각적으로 줄이는 데 효과가 있었다. 하지만 행정적 비용이 너무 많이 들었다. 전국 수만

개의 사업장에 공무원이 일일이 나가 감시할 수는 없는 노릇이었고, 규제는 기업의 창의적인 감축 기술 개발보다는 '법만 피하면 된다'라는 수동적 대응만을 낳았다. 시설과 공법을 일일이 허가받아야 하는 경직된 구조는 급변하는 산업 현장의 속도를 따라가지 못했다. 특히 저감 비용이 낮은 기업은 더 줄일 수 있음에도 기준치까지만 줄이려 하고, 저감 비용이 비싼 기업은 과도한 부담에 허덕이게 되어 사회 전체적으로는 비효율적인 방식으로 환경 목표를 달성하게 된다.

3   '경제적 유인책'이라는 새로운 패러다임의 등장

20세기 후반 환경 정책가들은 중대한 질문을 던지기 시작했다. "오염을 범죄로 규정해 억누르기만 할 것이 아니라, 오염에 '가격'을 매겨 기업 스스로 줄이게 만들 수는 없을까?" 이것이 바로 경제적 유인 제도의 출발점이다. 이 방식은 규제 당국이 기업의 내부 사정을 일일이 알 필요가 없고, 시장 가격이 기업으로 하여금 가장 싸고 효율적인 감축 방법을 찾게 만든다.

오염물질 한 톤을 줄이는 비용이 정부에 내야 할 세금이나 배출권을 사는 비용보다 저렴하다면, 기업은 시키지 않아도 가장 효율적인 감축 방법을 찾아낼 것이다. 이제 환경 보호는 '도덕적 의무'를 넘어 '경영의 효율성' 문제로 치환되었다. 환경 정책의 문법이 규제(Regulation)에서 인센티브(Incentive)로, 통제에서 시장으로 바뀌는 거대한 패러다임의 전환이 시작된 것이다.

경제적 유인 제도의 분화와
배출권거래제의 탄생

1   피구세(Pigouvian Tax): 오염의 대가를 가격에 새기다

정부가 시장에 개입하여 환경 문제를 해결하려 할 때, 가장 먼저 떠올리는 고전적인 도구는 영국의 경제학자 아서 피구(A.C. Pigou)가 제안한 '피구세'이다. 공장이 오염물질을 내뿜어 사회에 해를 끼친다면, 딱 그 피해만큼 세금을 매기는 것이다. 이렇게 되면 기업은 세금을 내지 않기 위해 스스로 정화 시설을 설치하거나 생산량을 조절한다. 우리가 흔히 접하는 '탄소세'나 각종 환경 부과금이 바로 환경 경제학의 효시라 불리는 '피구세'의 개념이다.

현대 환경 정책에서 이 철학은 다양한 부과금 제도(Charges)로 구체화되었다. 가장 대표적인 배출 부과금은 오염물질을 내보내는 행위 그 자체에 직접 가격을 매긴다. 기업은 이제 선택의 기로에 서게 된다. 낡은 시설을 가동하며 계속 부과금을 낼 것인가, 아니면 그 비용으로 새로운 저감 장치를 설치할 것인가? 경제 주체의 합리적인 계산이 환경 개선으로 이어지는 이 과정은 강제적인 명령보다 훨씬 유연하다. 독일의 폐수배출부과금 사례는 이를 극명히 보여준다. 정부가 부과금 도입 계획을 발표하자, 실제 시행 전부터 기업들이 저감 설비 투자를 서둘렀던 '공표 효과'는 시장 기제가 가진 선제 대응의 힘을 증명했다.

부과금은 배출 현장에만 머물지 않는다. 타이어, 윤활유, 화석 연료처럼 소비와 폐기 과정에서 오염을 일으키는 제품에 미리 비용을 얹는 제품 부담금이나, 자원 순환을 유도하기 위해 빈 병이나 캔을 회수할 때 돈을 돌려주는 예치금 제도 역시 피구의 유산이다. 이들은 모두 '가격을 통해 행동을 바꾼다'라는 단일한 원리에 따라 시장의 구석구석을 자정시킨다.

2 　배출권거래제(ETS): '재산권'이라는 혁신적 도구의 등장

피구세만으로는 해결하기 어려운 지점이 있었다. 정부가 세율을 얼마로 정해야 배출량이 정확히 얼마나 줄어들지 예측하기 어렵다는 '불확실성'의 문제이다. 이 지점에서 1968년, 토론토 대학의 존 데일스(John Dales)교수는 그의 저서 『오염, 재산, 그리고 가격』을 통해 환경 정책의 문법을 완전히 바꾸는 제안을 던진다.

데일스 교수는 환경오염의 근본 원인을 '재산권의 부재'로 파악했다. 누구나 주인 없이 사용하는 공기와 물은 필연적으로 남용될 수밖에 없다는 것이다. 만약 국가가 환경 자원의 사용 권한을 명확히 설정하고(Cap), 그 권리를 시장에서 사고팔 수 있게(Trade) 한다면 어떻게 될까? 이것이 바로 배출권거래제의 시작이다. 이는 환경 정책 역사상 가장 혁신적인 발상의 전환 중 하나였다. 이제 기업에 탄소는 '피해야 할 규제'가 아니라 '효율적으로 관리해야 할 재무적 자산'으로 거듭나게 된 것이다.

이 이론은 로널드 코오스(Ronald Coase)의 정리와 깊게 맞닿아 있다. 재산권이 명확히 정의되고 거래 비용이 적당히 낮다면, 시장 참여자들 간의 자율적인 거래를 통해 사회적으로 가장 최적화된 결과가 도출된다는 논리이다. 배출권거래제하에서 '오염시킬 권리'는 하나의 유무형 자산이 된다. 저감 기술이 뛰어나 탄소를 싸게 줄일 수 있는 기업은 배출권을 팔아 수익을 올리고, 저감 비용이 너무 비싼 기업은 배출권을 사서 비용을 절감한다. 결국 국가 전체적으로는 정해진 감축 목표를 달성하면서도, 그 과정에서 드는 사회적 비용은 최소화되는 '비용 효과성'의 극치가 실현되는 것이다.

배출권거래제는 기업들이 배출할 수 있는 온실가스양을 정해주고 남거나 부족한 배출권을 서로 사고팔 수 있도록 한 제도이다. 정부는 기업 온실가스의 배출 허용 총량을 정하고 배출권을 발행해 기업에 할당한다. 이때 온실가스를 할당량보다 많이 감축한 기업은 배출권의 여분을 시장에 판매할 수 있고, 감축 여력이 낮은 기업은 직접적인 감축을 하는 대신 배출권을 살 수 있다. 경제학 원리인 수요와 공급에 근거한 이 제도는 기업들의 자발적 참여를 유도할 뿐 아니라 온실가스 감축이라는 궁극적 목표를 달성하는 데도 중요한 역할을 한다.

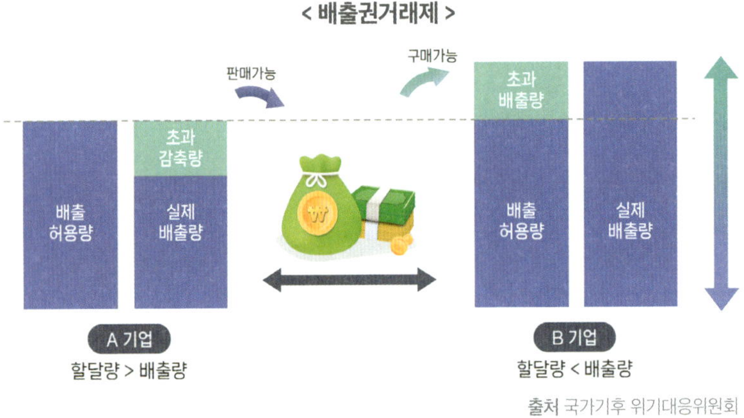

출처 국가기후 위기대응위원회

3 '수량'과 '가격'의 철학적 선택

피구세가 탄소의 '가격'을 먼저 결정하고 시장의 반응(수량)을 기다리는 방식이라면, 배출권거래제는 탄소의 '수량'을 먼저 고정하고 시장의 평가(가격)를 기다리는 방식이다. 이는 단순한 정책 수단의 선택을 넘어, 국가가 환경 목표의 확실성을 중시할 것인가, 아니면 기업의 비용 예측 가능성을 중시할 것인가에 대한 철학적 결단이기도 하다.

배출권거래제는 환경 용량의 한계를 명확히 설정한다는 점에서 기후 위기 시대에 더욱 강력한 호소력을 갖는다. 지구가 감당할 수 있는 탄소의 총량을 정해두고 그 안에서 경쟁하게 하는 이 시스템은, 자본주의의 혁신 본능을 환경 보호의 동력으로 치환하는 데 성공했다. 이제 기업에 탄소 감축은 '지출'이 아닌 '투자'이자 '자산 관리'의 영역으로 진입하게 된 것이다.

4　　보이지 않는 손에 환경의 운명을 맡기다

결국 경제적 유인 제도의 진화는 환경 정책이 '행정의 영역'에서 '경제의 영역'으로 편입되는 과정이었다. 피구가 가격이라는 채찍을 들었다면, 데일스는 시장이라는 운동장을 만들었다.

미국의 산성비 프로그램은 이 낯설고 혁신적인 이론이 어떻게 현실 세계의 재앙을 막아내는 기적의 도구가 되었는지를 보여주는 생생한 증거가 될 것이다. 이론은 준비되었고, 이제 인류는 역사상 가장 거대한 환경 실험을 시작할 채비를 마쳤다.

미국 산성비 프로그램의 대서사시

1 절박한 위기 속에서 태동한 '청정대기법'

1980년대 북미 대륙은 하늘에서 내리는 '소리 없는 재앙'에 신음하고 있었다. 석탄 화력발전소에서 뿜어져 나오는 아황산가스(SO_2)는 대기 중에서 산성비로 변해 미국 동북부와 캐나다의 호수를 죽음의 땅으로 만들고 울창한 침엽수림을 고사시켰다. 이는 단순히 환경 문제를 넘어 국가 간 외교 분쟁으로 비화할 만큼 절박한 사안이었다.

당시 미국 정가에서는 이 문제를 해결하기 위해 고전적인 직접 규제를 강화해야 한다는 목소리가 높았다. 그러나 경제학자들은 데일스의 이론을 현실에 적용해 볼 것을 권고했다. 마침내 1990년 조지 H.W. 부시 행정부는 「청정대기법」개정안을 통해 세계 최초로 대규모 총량 제한 거래 방식인 '산성비 프로그램'을 전격 도입하게 된다. 이는 국가가 환경 오염의 총량을 법으로 묶어버리고 그 안에서 기업들이 '오염시킬 권리'를 사고팔게 하는 정책 실험의 시작이었다.

산성비 프로그램의 목표는 명확했다. 2000년까지 미국 전역의 석탄 화력발전소에서 배출되는 아황산가스 배출량을 1980년 수준 대비 50%(약 1,000만 톤) 감축하는 것이었다. 많은 산업계 인사는 이 목표가 경제를 파탄내고 마비시킬 것이라고 비판했다.

그러나 결과는 비관론자들의 예상을 뒤엎었다. 배출권 시장이 열리자 기업들은 생존을 위해 무섭게 혁신하기 시작했다. 기업들은 일률적인 규제에 맞추기보다 저유황탄을 수입하거나 새로운 세정 기술을 개발하는 등 각자의 상황에 맞는 가장 저렴한 감축 방법을 찾아냈다. 실제 운영 결과 2007년까지 미국의 아황산가스 배출량은 1980년 대비 50%를 줄이며 목표치를 크게 상회하는 성과를 거두었다. 직접적인 명령 없이도 시장의 '가격 신호'가 기업들을 자발적이고 강력한 감축의 길로 인도한 것이다. 이 성공은 "시장이 환경을 구할 수 있다"는 강력한 증거가 되었고 훗날 배출권거래제의 유전자가 되었다.

이 프로그램이 전 세계 환경 정책 입안자들에게 가장 큰 충격을 준 지점은 바로 '비용'이었다. 애초 미국 의회 예산처(CBO)와 관련 전문가들은 배출권거래제를 도입하더라도 감축에 천문학적인 비용이 소요될 것으로 예측했다. 그러나 실제 뚜껑을 열어 보니 감축에 든 비용은 애초 예측치의 4분의 1(25%) 수준에 불과했다.

도대체 시장에서는 무슨 일이 벌어진 것일까? 만약 정부가 직접 규제를 통해 모든 발전소에 '스크러버(탈황 장치)' 설치를 명령했다면, 기업들은 대안 없이 고가의 장비를 사는 데 막대한 비용을 썼을 것이다. 하지만 배출권거래제는 기업에 '선택권'을 주었다.

어떤 발전소는 고가의 장비를 다는 대신, 저유황탄으로 연료를 교체하는 방식을 택했다. 어떤 기업은 더 효율적인 연소 기술을 개발하거나, 노후 발전소를 폐쇄하고 신재생 에너지로 전환하는 '창의적인 포트폴리오'를 구성했다. 배출권 가격이 상승하자 감축 여력이 있는 기업들은 더 많이 줄여 배출권을 시장에 팔았고, 사회 전체적으로는 가장 낮은 비용을 지불하는 지점에서 감축이 이루어지는 '비용 효과성'의 마법이 실현된 것이다.

4   법대생들의 소각 퍼포먼스: 제도가 만든 새로운 환경 운동

배출권거래제는 뜻밖의 환경 운동을 낳기도 했다. 1995년 시카고 상품 거래소(CBOT)에서 열린 배출권 경매에 메릴랜드 대학과 미시간 대학 등 7개 대학의 법학 대학원생들이 참여했다. 학생들은 용돈을 모아 약 18톤 분량의 아황산가스 배출권을 낙찰받았다.

궁금해하는 기자들에게 학생들은 놀라운 답변을 내놓았다. "우리는 이 배출권을 사용하지 않고 영원히 소각(Retire)할 것입니다." 시민단체나 학생들이 시장에서 배출권을 사서 없애버리면, 시장의 공급량은 줄어들고 배출권 가격은 상승하게 된다. 가격이 오르면 기업들은 배출권을 사는 대신 저감 설비 투자에 더 큰 동기를 느끼게 된다. 이는 환경 보호라는 가치가 시장 메커니즘 안에서 어떻게 능동적으로 실천될 수 있는지를 보여주는 상징적인 장면이었다.

5   이론이 현실을 구원한 첫 번째 기록

미국 산성비 프로그램은 "시장은 환경의 적"이라는 오래된 편견을 부수고 오히려 "시장이 환경을 구원하는 가장 강력한 수단 이 될 수 있다"라는 사실을 전 세계에 타전했다.

이제 이 성공의 불꽃은 대서양을 건너 유럽으로, 그리고 태평양을 건너 대한민국으로 향하게 된다. 다음 절에서는 이 제도가 어떻게 국제 정치의 복잡한 역학 속에서 교토의정서라는 규범으로 자리 잡았고, 그 과정에서 발생한 흥미로운 입장 반전의 역사에 대해 다루어 보겠다.

국제 정치의 역설과 글로벌 탄소시장의 형성

1 교토의정서의 아이러니: 뒤바뀐 주연과 조연

1990년대 후반 기후 위기는 더 이상 학계의 경고가 아닌 국제 정치의 최우선 과제로 부상했다. 1997년 채택된 교토의정서(Kyoto Protocol)는 선진국에 대해 구속력 있는 온실가스 감축 목표를 부과한 최초의 국제 협약이었다. 그런데 이 역사적 현장에서는 오늘날의 관점으로는 믿기 힘든 '입장 반전'의 드라마가 펼쳐졌다.

당시 배출권거래제라는 혁신적 도구를 국제 규범으로 만들자고 강력히 주장한 주연 배우는 다름 아닌 미국이었다. 미국은 산성비 프로그램의 성공 경험을 바탕으로 시장의 유연성을 활용해야만 실질적인 감축이 가능하다고 설득했다. 반면, 오늘날 기후 정책의 선구자로 불리는 유럽(EU)은 당시만 해도 배출권거래제에 매우 회의적이었다. 유럽은 "오염시킬 권리를 사고파는 것은 부도덕하다"라며 탄소세와 같은 직접적인 조세 정책을 선호했다.

결국 미국의 끈질긴 요구로 교토의정서에는 배출권거래제, 공동이행제도, 청정개발체제라는 이른바 '유연성 체제'가 도입되었다. 그러나 역사의 장난은 여기서 끝이 아니었다. 정작 제도를 만든 미국은 정권 교체와 산업계의 반발로 의정서를 비준하지 않고 이탈해 버렸고, 반대하던 유럽이 이 제도를 전격 수용하여 2005년 세계 최대의 탄소시장인 EU-ETS를 출범시키며 오늘날 글로벌 표준을 주도하게 된 것이다.

2   유럽 연합 배출권거래제(EU-ETS): 가장 오래되고 성숙한 시장

유럽 연합 배출권거래제(EU-ETS)는 세계에서 가장 오래되고 성숙한 시장이다. 규제 대상으로 에너지 집약 산업, 발전소, 항공 부문을 포함하며, 이산화탄소(CO_2), 아산화질소(N_2O), 과불화탄소($PFCs$)를 주요 관리 가스로 설정하고 있다. EU-ETS는 도입 이후 대상 부문에서 배출량을 약 35% 이상 감소시키는 실질적인 성과를 거두었다.

전 세계 탄소시장의 75% 이상을 차지하는 최대 규모로 성장한 EU는 2005년 시작 이후 네 번의 큰 탈바꿈을 거쳤다. 1단계(2005~2007)에는 파일럿 단계로 전력 및 다배출 산업을 대상으로 100% 무상 할당으로 시작했으나 공급 과잉으로 가격 폭락을 겪었다. 2단계(2008~2012)에는 교토의정서와 연동하고 항공 부문을 추가하였으나 금융위기로 배출권 수요가 급감하는 문제가 있었다. 3단계(2013~2020)에는 EU 단일 총량제 도입, 유상 경매 본격화(57%로 상향), BM(배출 효율) 할당 방식을 도입하여 EU-ETS가 정착 단계로 접어들었다.

현재 시행 중인 4단계(2021~2030)에는 2030년 온실가스 감축 목표를 1990년 대비 62%로 상향하는 'Fit for 55' 패키지를 통해 제도를 한층 더 강화했다. 2024년부터 대형 선박의 배출량이 포함되었으며, 항공 부문의 무상 할당은 2026년까지 완전히 폐지된다. 이러한 강화 조치로 배출권 가격이 톤당 100유로를 넘나드는 시대를 열었다.

한편 역내 기업들이 높은 탄소 비용 때문에 경쟁력을 잃거나 공장을 해외로 이전하는 '탄소 누출'을 막기 위해 2026년부터 탄소국경조정제도를 시행하여 수입품에 탄소 가격을 부과하기 시작했다. 이에 맞춰 기존에 제공하던 무상 할당을 2026년부터 단계적으로 폐지하여 2034년에는 완전히 없앨 계획이다. 이는 K-ETS에 시사하는 바가 크다. 한국 역시 수출 경쟁력을 유지하기 위해서는 EU 수준에 부합하는 유상 할당 확대와 가격 정상화가 불가피하기 때문이다.

< EU-ETS 단계별(1~4기) 주요 변화 및 특징 >

단계	기간	주요 특징 및 진화 내용
1기	2005~2007	시장 개설 및 학습 단계, 무상 할당 100%, 과잉 할당으로 가격 폭락 경험
2기	2008~2012	교토의정서 준수 기간, 상쇄 배출권 도입, 항공 부문 포함 시작
3기	2013~2020	유상 경매 전면 도입, 시장 안정화 예비분(MSR) 도입으로 가격 안정화 도모
4기	2021~2030	감축 목표 상향, 유상 할당 비중 확대, 탄소국경조정제도(CBAM)와 연계

출처 신상범 (2017)의 자료를 바탕으로 필자 재구성

3 뉴질랜드와 호주: 독창적인 영역 확장과 체질 개선

뉴질랜드(NZ-ETS)는 2008년에 ETS를 도입하였고 세계 최초로 임업을 관리 대상으로 포함한 것으로 유명하다. 특히 눈에 띄는 점은 농업 부문에 대한 논의다. 뉴질랜드는 국가 배출량의 절반 가까이 차지하는 축산업(메탄 등)을 ETS 체계 내로 편입하려는 시도를 지속하며, 기후 정책의 영역을 산업과 발전을 넘어 생물학적 배출권의 영역까지 확장하고 있다.

호주는 2016년에 ETS를 도입하였고, 최근 '세이프가드 메커니

즘(Safeguard Mechanism)'을 대대적으로 개편하며 자발적 시장에서 의무 시장으로의 체질 개선에 성공했다. 10만 톤 이상 대규모 배출 시설에 대해 매년 4.9% 감축 한도(Baselines)를 설정하고, 이를 초과할 경우 배출권을 구매하거나 감축 실적을 제출하게 함으로써 실질적인 '캡앤트레이드(Cap-and-Trade)' 효과를 거두고 있다. 자원 부국으로서 산업계의 저항이 컸음에도 불구하고, 강력한 법적 구속력을 부여한 사례는 K-ETS가 나아갈 방향에 중요한 참고가 된다.

4   중국: 세계 최대 배출권 시장의 연착륙과 확장

중국은 2021년 7월 전 세계의 이목이 집중되는 가운데 전국 단위의 배출권거래제를 공식 출범시켰다. 2011년 7개 성·시의 시범 사업을 거쳐 탄생한 중국 ETS는 단숨에 세계 최대 규모의 시장이 되었다. 규제 대상 온실가스는 CO_2에만 집중되어 있다.

적용 대상 산업은 초기에는 발전 부문의 약 2,200개 업체만 대상으로 했으나, 2025년 발표된 계획에 따라 철강, 시멘트, 알루미늄 등 8개 부문이 정식 편입되고, 약 1,500개의 대형 사업장이 추가되면서 중국의 탄소시장은 전 세계 배출량의 약 20%를 커버하게 되었다.

중국의 제도는 한국이나 EU가 배출량의 절대적 총량을 규제하는 것과 달리 생산량 대비 배출량인 배출 강도를 기준으로 할당하는 독특한 방식을 취하고 있다. 이는 경제 성장을 지속하면서도 탄소 효율을 개선하겠다는 중국 특유의 실용주의적 접근이다. 그러나 최근 EU와 유사한 절대 총량제한 제도 도입을 서두르고 있다. 다만, 중국의 탄소 가격이 상승할수록 세계 제조업의 원가 구조가 재편될 수밖에 없으므로 중국 ETS는 한국 산업계가 가장 예의주시해야 할 시장이다.

5   미국: 연방을 대신한 주 정부의 혁신

미국은 연방 차원의 ETS는 없지만, 주 단위의 연합체가 세계적으로 가장 정교한 제도를 운영하고 있다. 미국의 배출권거래제는 단순히 탄소를 거래하는 것을 넘어, 주 정부의 강력한 행정 명령과 결합하여 진화해 왔다. 캘리포니아와 북동부 지역 온실가스 이니셔티브(Regional Greenhouse Gas Initiative, RGGI) 외에도 오레곤주와 매사추세츠주는 탄소 감축을 위한 독자적인 길을 개척하고 있다.

5-1　캘리포니아와 서부 기후 이니셔티브 연합
(Western Climate Initiative, WCI)

캘리포니아 배출권거래제는 2013년 도입 당시부터 '전 경제 부문 포괄'을 목표로 설계되었다. 이 제도는 단순한 산업 규제를 넘어 캐나다의 퀘벡주 등과 시장을 완전히 통합(Linkage)하여 운영한다는 점에서 독보적이다. 캘리포니아 모델은 발전과 대규모 산업체뿐만 아니라 일반 시민들의 생활과 밀접한 수송용 연료(휘발유, 디젤) 및 건물용 천연가스 공급업자에게까지 배출권 준수 의무를 부과한다. 이는 주 전체 온실가스 배출량의 약 80%를 커버하는 결과를 낳았다.

한편 유상 할당 비율을 60% 이상에서 시작해 점진적으로 100%까지 확대하는 강력한 오염자 부담 원칙을 적용하고 있다. 특히 배출권 경매 수익을 '온실가스 감축 기금(GGRF)'으로 조성하여 전기차 보급, 고속철도 건설, 저소득층 주거 환경 개선에 재투자함으로써 경제적 불평등 해소와 기후 대응을 결합하고 있다. 2025년 9월 법안 개정을 통해 명칭을 '캡앤인베스트(Cap-and-Invest)'로 변경하고 2045년까지 연장했다.

5-2   RGGI의 부문별 특화 모델

RGGI는 2009년 미국 북동부 11개 주가 발전 부문의 이산화탄소 감축을 위해 자발적으로 결성한 최초의 지역 단위 ETS다. 캘리포니아와 달리 발전소(25MW 이상)만을 규제 대상으로 한정하여 제도의 수용성을 높였다.

발전 부문에서 발생하는 배출량만을 정밀하게 타격함으로써 전력 시장의 저탄소화를 유도한다. RGGI는 배출권 할당량의 거의 100%를 경매(Auction)로 판매하는 유상 할당 원칙을 고수한다. 여기서 나오는 수익금은 각 주 정부의 에너지 효율화 사업과 소비자 전기료 보조금으로 환원되어, 탄소 규제가 시민들의 경제적 부담으로 전이되는 것을 막는 완충 작용을 한다.

5-3   오레곤주의 기후 보호 프로그램
(Climate Protection Program, CPP)

오레곤주는 2022년부터 연료 공급업체와 대규모 산업 시설을 대상으로 하는 기후 보호 프로그램(CPP)을 시행하고 있다. 오레곤은 전형적인 총량제한(Cap-and-Trade) 방식에 '지역 기후투자 프로그램(Community Climate Investments, CCI)'이라는 개념을 도입했다. 기업이 감축 목표를 달성하지 못할 경우 부족한 만큼 기금을 내고 이를 지역사회의 저탄소 프로젝트에 투자하게 함으로써 감축 의무를 이행하는 방식으로서 지역사회 환원과 감축을 직접 연계한 매우 진보적인 제도로 평가받는다. 오레곤 모델은 규제 대상의 범위를 화석연료 공급자뿐만 아니라 천연가스 유통업체까지 넓혀 주 전체 배출량의 상당 부분을 강력하게 통제한다.

5-4 매사추세츠주의 기후변화 대응법 (Global Warming Solutions Act, GWSA) 기반 ETS

매사추세츠주는 동부 연안의 RGGI에 참여하는 동시에, 주 자체적으로 GWSA에 근거한 독자적인 발전 부문 배출권거래제(310 CMR 7.74)를 병행 운영한다. 매사추세츠는 RGGI가 발전 부문의 감축을 유도하고는 있지만, 주의 독자적인 감축 목표 달성에는 부족하다고 판단했다.

이에 따라 주 내의 발전소들에 대해 RGGI보다 더 엄격한 별도의 배출권 한도를 설정했다. 매사추세츠는 100% 유상 할당(경매)을 원칙으로 하며, 매년 할당 총량을 2.5%씩 강제로 감축하는 설계를 두고 있다. 이 결과 발전 부문의 탄소 집약도를 미국 내에서 가장 낮은 수준으로 유지하는 실적을 거두었으며, 이는 한국의

'발전 부문 유상 할당 확대' 논의에 중요한 정책적 준거가 된다.

6   캐나다: 엄격한 기준과 국제적 연계

캐나다는 연방 정부의 탄소 가격 책정 기준(Carbon Pricing Backdrop)을 바탕으로, 퀘벡주와 노바스코샤주 등이 독자적인 ETS를 운영한다. 퀘벡주는 미국 캘리포니아와 탄소시장을 통합(WCI 연계)하여 운영함으로써 시장의 유동성을 확보했다.

규제 대상 온실가스는 이산화탄소(CO_2), 메탄(CH_4), 아산화질소(N_2O), 수소불화탄소(HFCs), 과불화탄소(PFCs), 육불화황(SF_6), 삼불화질소(NF_3) 등 7대 온실가스 전체를 관리 대상으로 삼아 기술적 완성도가 매우 높다.

7   일본: 자발적 참여에서 의무 시장으로의 전환(GX-ETS)

일본은 도쿄도와 사이타마현의 도시 단위 ETS로 유명했으나, 최근 국가 차원의 대전환을 맞이했다.

2010년 세계 최초로 도시 단위 ETS를 도입한 도쿄는 대형 빌딩과 공장을 대상으로 강력한 감축 의무를 부과하여, 도시 지역 탄소 관리의 글로벌 모델이 되고 있다. 2023년부터 시작된 GX-ETS(Green Transformation)는 초기에는 기업들의 자발적 참여로 운영되지만, 2026년 올해부터 본격적인 의무 참여 단계로 진입한다. 특히 2033년부터는 발전 부문에 유상 할당을 도입할 계획이다.

해외 사례들이 보여주는 공통된 종착역은 ETS가 단순한 환경 규제를 넘어 '기후 금융의 핵심 인프라'로 작동해야 한다는 것이다. 배출권 가격이 기술 혁신을 유도할 만큼 아주 높아야 하며, 그 수익금은 다시 저탄소 전환에 재투자되어야 한다. 아울러 모든 국가는 공통으로 '탄소 가격을 어떻게 산업 경쟁력 훼손 없이 높일 것인가'라는 숙제를 안고 있다. 한국은 EU의 CBAM에 대응하기 위해 국내 ETS의 엄격성을 높여야 하는 상황이며, 이는 곧 K-ETS가 글로벌 스탠다드에 빠르게 동화되어야 함을 의미한다.

가격과 수량의 고차 방정식

1 　탄소세와 배출권거래제, 무엇이 다른가?

탄소에 가격표를 붙이는 두 가지 길인 탄소세와 배출권거래제는 본질적으로 '탄소 배출'이라는 외부 비용을 내부화한다는 점에서 궤를 같이한다. 하지만 현실적인 작동 방식에서는 '가격(Price)'을 통제할 것인가, '수량(Quantity)'을 통제할 것인가라는 근본적인 차이를 보인다.

탄소세는 정부가 배출량 한 단위당 세금을 고정하는 방식이다. 기업은 세금보다 저렴하게 줄일 수 있다면 감축을 택하고, 그렇지 않으면 세금을 낸다. 제도가 단순하여 행정 비용이 낮고, 모든 경제 주체에게 예외 없이 적용할 수 있어 공평하다. 그러나 정부가 세율을 정하더라도 실제 배출량이 얼마나 줄어들지 확신할 수 없다는 치명적인 약점이 있다. 또한, 물가 상승이나 경제 상황 변화에도 세율이 경직적으로 유지되는, 이른바 '끈적거림(Stickiness)' 현상으로 인해 정책 실효성이 시간이 갈수록 퇴색될 우려가 있다.

반면, 배출권거래제는 국가가 배출 총량(Cap)을 먼저 확정한다. 환경적 목표 달성 측면에서는 탄소세보다 훨씬 강력하고 확실한 수단이다. 하지만 시장에서 형성되는 배출권 가격이 널뛰기할 경우 기업의 경영 불확실성이 커지며, 시장을 관리하고 감시하는 데 따르는 막대한 행정 비용을 지불해야 한다.

< 탄소세(가격 기반)와 배출권거래제(수량 기반) 비교 >

구분	탄소세(Carbon Tax)	배출권거래제(ETS)
핵심 기제	가격(Tax Rate) 고정, 수량은 시장이 결정	수량(Cap) 고정, 가격은 시장이 결정
감축량 확실성	낮음 (기업의 반응에 따라 가변적)	매우 높음(총량 제한)
가격 예측성	높음 (세율이 정해져 있어 비용 예측 용이)	낮음 (시장 수급에 따라 가격 변동)
행정 비용	낮음 (기존 조세 인프라 활용 가능)	높음 (배출량 검증 및 거래 시장 운영 필요)
선호 환경	소규모 배출원 (가정, 수송 등)에 유리	대규모 산업 및 발전 부문에 유리

출처 신상범 (2017)의 자료를 필자가 재구성

2 3,623명의 경제학자가 탄소세를 지지한 이유: 세수 중립성과 이중 배당

2019년 조지프 스티글리츠(Joseph Stiglitz) 등 28명의 노벨 경제학상 수상자를 포함한 3,623명의 경제 전문가들이 월스트리트 저널에 역사적인 선언문을 발표했다(홍종호, 2023). 그들의 핵심 주장은 명확했다. "기후변화에 대응하기 위해 탄소세를 도입하되, 이를 '세수 중립적'으로 설계하라"는 것이었다.

세수 중립적 탄소세란 정부가 탄소세를 통해 거둬들인 수입을 정부 곳간에 쌓아두는 것이 아니라, 그만큼 소득세나 법인세를 깎아줌으로써 전체 조세 부담은 그대로 유지하는 방식이다. 이는 환경 경제학이 제시하는 매혹적인 열매인 '이중 배당(Double Dividend)'을 가능케 한다. 첫 번째 배당은 탄소 배출 행위에 비용을 물려 환경 오염을 줄이고 기후 위기를 막는 '환경적 편익'이다. 두 번째 배당은 노동(소득세)이나 자본(법인세)에 매겨진 세금을 낮추어 고용을 촉진하고 투자를 활성화하는 '경제적 편익'이다. 결국 탄소세는 단순한 규제가 아니라, 우리 사회가 권장해야 할 '노동과 투자'의 대가는 높이고, 억제해야 할 '오염'의 대가는 정당하게 매기는 '조세 체계의 대전환'을 의미한다.

세계 탄소 가격제 현황을 보면 2022년 기준 탄소세가 34건, 배출권거래제가 31건으로 팽팽한 균형을 이루고 있다. 배출권거래제와 탄소세가 동행할 때 이중 부과에 대한 우려가 있다. 그러나 노르웨이나 스웨덴 같은 기후 선진국들은 이미 두 제도를 혼합하여 시행하고 있다.

우리나라도 탄소세를 도입할 때 나타날 이중 부과 문제 해결을 위해 현재 부과 중인 교통에너지환경세를 탄소세로 전환하면서 저소득층과 기업에게 배당을 제공하는 방안 등을 검토할 필요가 있다. 대한민국은 이제 선택의 기로에 서 있다. 2035 국가온실가스감축목표(NDC, 이하 2035 NDC)라는 험난한 고개를 넘기 위해서는, 어느 하나에 의존하기보다 두 제도를 영리하게 결합한 '한국형 하이브리드 모델'이 절실하다. 대규모 배출 시설에는 감축의 확실성이 높은 ETS를 적용하고, 수많은 중소 사업자와 가정용 연료에는 행정 비용이 적고 보편적인 탄소세를 부과하는 방식이다. 이 두 제도의 동행은 탄소 가격의 사각지대를 없애고 사회 전체의 감축 효율을 극대화하는 가장 현실적인 대안이 될 수 있다.

4   가격이 바뀌어야 미래가 바뀐다

공직 생활을 마주하며 내가 얻은 결론은 하나다. 정책은 시장의 본능을 거스를 때가 아니라 시장의 본능을 올바른 방향으로 이끌 때 비로소 성공한다는 점이다. 구테흐스 UN 사무총장은 COP27 개막 연설에서 "인류는 기후 지옥으로 가는 고속도로에서 가속 페달을 밟고 있다"라는 절박한 경고를 던졌다. 우리가 '기후 지옥'으로 가는 고속도로에서 내려올 수 있는 유일한 비상구는 탄소에 제대로 된 가격표를 붙이는 것이다.

가격을 바꾸면 기업의 본능이 바뀌고, 본능이 바뀌면 비로소 기술이 혁신되고 미래가 바뀐다. 2035 NDC는 우리 경제를 옥죄는 족쇄가 아니다. 오히려 낡은 탄소 중심 경제에서 벗어나 새로운 성장의 날개를 다는 담대한 도약의 기회이다. 우리가 설계한 이 정교한 가격표가 다음 세대에게는 지속 가능한 삶의 보증수표가 되기를 간절히 소망한다.

몬트리올의 성공과 파리의 도전: 무엇이 달랐나

인류가 환경 위기에 공동으로 대응해 온 역사에서 1987년의 몬트리올 의정서는 유례없는 성공 사례로 꼽히는 '성공한 형'과 같다. 반면 기후변화 대응을 위한 파리협정은 여전히 고전 중인 '고민 많은 동생'의 모습이다. 이 두 협약을 비교해 보는 것은 우리가 앞으로 탄소중립이라는 거대한 산을 어떻게 넘어야 할지 중요한 실마리를 제공한다.

[1] 닮은 꼴 두 위기: 오존층 파괴 물질도 온실가스다

많은 이들이 오존층 파괴와 지구온난화를 서로 다른 문제로 생각하지만, 사실 이들은 뿌리가 같다. 몬트리올 의정서의 규제 대상인 프레온가스(CFCs)와 그 대체 물질인 수소불화탄소(HFCs)는 강력한 오존층 파괴 물질인 동시에 이산화탄소보다 수천 배나 강한 온난화 효과를 지닌 6대 온실가스의 일원이기 때문이다. 즉, 오존층을 지키는 활동이 곧 기후를 지키는 활동이기도 하다.

[2] 몬트리올과 파리협정의 결정적 차이

왜 몬트리올은 성공하고 파리는 고전하고 있을까? 몬트리올 의정서의 대상인 CFCs는 주로 냉매나 스프레이 등 특정 산업군에 한정되었다. 하지만 파리협정의 대상인 온실가스는 인류의 식사, 이동, 주거 등 에너지 시스템 전체와 연결되어 있어 훨씬 광범위하고 복잡한 대응을 요구한다.

몬트리올 체제는 소수의 선진국이 주도했으나, 온실가스는 전 세계 모든 국가가 배출자이자 동시에 피해자인 구조를 가진다.

[3] 뒤퐁(DuPont)의 비화: 기술 혁신이 규제를 '기회'로 바꾼다

몬트리올 의정서가 빠르게 타결된 배경에는 세계 최대 프레온가스 생산자였던 미국의 뒤퐁이 있었다. 초기에는 오존층 파괴 이론에 저항하던 뒤퐁은 이미 내부적으로 대체 물질 기술을 확보한 상태였다. 그들은 대체 기술이 상업적으로 가시화되자 전격적으로 협약을 지지하며 이를 '글로벌 표준'으로 만들었다. 기술력이 없는 경쟁사들을 제치고 새로운 시장을 독점하려는 전략적 선택이 협약의 급물살을 타게 한 것이다.

우리나라는 당시 대체 물질 개발에 어려움을 겪으며 기술 종속의 아픔을 겪었다. 현재의 탄소중립 국면에서도 우리 기업이 저탄소 혁신 기술의 주도권을 잡지 못한다면, 국제 규범에 등 떠밀려 비용만 지불하는 피규제자로 남게 될 것이다.

[4] 이행 강제력의 유무: '자발성'을 넘어선 '강력한 채찍'

몬트리올 의정서가 성공한 결정적 이유는 약속을 어겼을 때의 대가가 명확했기 때문이다. 몬트리올 의정서는 비가입국이나 미이행국에 대해 강력한 무역 제재를 가하는 등 사실상의 경제적 강제성을 가졌다.

　반면 파리협정은 '국가 결정 기여(NDC)'라는 자발적 방식에 의존하므로 약속을 어겼을 때 강제할 '기후 경찰'이 없다는 한계가 있다. 최근 논의되는 탄소국경조정제도(CBAM)는 바로 이 '처벌과 강제'의 공백을 시장의 문법으로 메우려는 시도라고 볼 수 있다.

"몬트리올의 성공은 준비된 기술과 엄격한 집행이 만났을 때 나타나는 기적이었다. 우리가 2035 NDC라는 험난한 고개를 넘기 위해서는 기업이 탄소중립 기술을 단순한 비용이 아닌 '미래 시장의 주도권'으로 인식하도록 과감하게 지원하는 한편 약속을 지키지 않는 행위에 대해서는 단호한 가격표를 붙이는 제도적 결단이 필요하다."

제4장

한국 온실가스배출권거래제(K-ETS)의 주요 내용 및 특징

기후 정책의 패러다임 전환

K-ETS의 탄생

K-ETS의 고유한 정체성

탄소중립의 나침반

인사이드 스토리 숫자의 정직함, 그 뒤에 숨겨진 삼고초려

인사이드 정책 스토리 왜 기획재정부가 배출권거래제의 '키'를 잡게 되었나?

인사이드 스토리 양곤의 새벽을 깨우며 달린 5시간의 끝에서

인사이드 스토리 K-ETS의 탄생을 이끈 정책 혁신가와 '기묘한 조직'의 비화

기후 정책의 패러다임 전환

1 환경 정책의 새로운 문법: '명령'에서 '시장'으로

오랫동안 환경 정책은 정부가 배출 허용 기준을 정하고 이를 어길 시 처벌하는 '명령과 통제(Command and Control)' 방식에 의 존해 왔다. 그러나 21세기 기후 위기라는 거대한 파고 앞에서 이 러한 방식은 한계에 부딪혔다. 온실가스 감축은 단순히 오염물질 을 걸러내는 기술의 문제를 넘어, 국가의 산업 경쟁력과 에너지 구조 전체를 재편해야 하는 경제적 과제가 되었기 때문이다.

한국의 배출권거래제는 공백 상태에서 갑자기 나타난 제도가 아니다. 한국 온실가스배출권거래제(K-ETS, 이하 K-ETS)의 안착 을 위한 '징검다리' 역할을 한 것이 바로 온실가스·에너지 목표 관리제(이하 목표 관리제)이다. 2010년 저탄소 녹색성장 기본법 제 정과 함께 도입된 목표 관리제는 기업별로 배출 목표를 정하고 이행을 강제한다는 점에서는 ETS 제도와 유사하다. 하지만 결정 적인 차이는 '유연성'과 '거래'에 있었다. 목표 관리제 하에서 기 업은 할당받은 목표를 오직 자사 내 감축으로만 해결해야 했으며, 남는 배출권을 팔거나 부족한 배출권을 살 수 없었다. 그러나 정부는 목표 관리제를 통해 국내 기업들의 정확한 배출량 데이터를 축적(MRV 체계 구축)할 수 있었고, 기업들은 온실가스 관리가 경영의 필수 요소임을 학습했다.

즉, 2015년 K-ETS의 전면 도입은 목표 관리제라는 엄격한 '명령과 통제'를 통해 쌓은 데이터를 기반으로 '시장 기제'를 결합한 고도화된 정책 전환이었다. 배출권거래제는 오염할 권리에 '가격'을 매기고 이를 시장에서 거래하게 함으로써, 가장 비용 효율적인 지점에서 감축이 일어나도록 유도하는 제도적 혁신이다.

한국은 2015년, 아시아 최초로 전국 단위의 배출권거래제(K-ETS)를 시행하며 글로벌 환경 정치의 무대에서 중추적인 실험을 시작했다. 초기 설계 과정에서 정책 당국이 가장 고심했던 지점은 제도의 실효성을 확보하면서도 산업계의 연착륙을 유도하는 '한국형 모델'의 구축이었다.

< 온실가스 목표 관리제 vs 배출권거래제 비교 >

구분	온실가스·에너지 목표 관리제 (TMS)	온실가스배출권거래제 (K-ETS)
핵심 철학	명령과 통제 (Command & Control)	시장 원리 (Market-based)
이행 수단	자사 내 직접 감축 (단일 선택)	직접 감축 + 배출권 매입/판매 (다양한 선택)
유연성 기제	없음 (할당 목표 절대 준수)	이월, 차입, 상쇄 가능
경제적 유인	위반 시 과태료 (비용 부담)	감축 시 배출권 판매 수익 발생 (자산화)
역할	데이터 축적 및 학습 (징검다리)	실질적·비용 효율적 감축 유도 (본궤도)

출처 기후에너지환경부

2   K-ETS 도입을 둘러싼 두 세계의 충돌

한국의 배출권거래제 도입 과정은 결코 순탄치 않았다. 온실가스배출권거래제 정책형성 과정에 관한 연구(남광희·박용성, 2022)에서 분석하듯 당시 한국 사회는 두 개의 강력한 정책 옹호 연합이 격돌하는 전장이었다.

한쪽에는 환경부를 중심으로 한 '친환경 연합'이 있었다. 이들은 국제사회의 탄소 감축 압력과 국가 NDC 달성을 위해 ETS 도입이 필수적이라고 주장했다. 반면, 지식경제부(현 산업통상자원부)와 산업계를 중심으로 한 '친시장 연합'은 제조업 비중이 높고 에너지 의존도가 극심한 한국 경제 구조상, ETS는 '기업 죽이기'와 다름없다며 강력히 저항했다.

이 갈등은 단순히 환경 대 경제의 대립이 아니었다. '어떤 방식으로 탄소중립을 이룰 것인가'에 대한 국가 철학의 충돌이었다. 갈등의 교착 상태를 깬 것은 이른바 '정책 혁신가형 중개자'들의 등장이었다. 당시 국무총리실 실장 등 범정부 차원의 중개자들은 반대 연합의 의원들을 설득하고, 산업계에 기술 지원과 인센티브라는 당근을 제시하며 정책의 물꼬를 텄다. 배출권거래법안은 수차례 수정을 거쳤고, 초기 설계 단계에서 산업계의 부담을 완화하기 위한 다양한 절충안(무상 할당 100%, 간접배출 포함 등)이 삽입되는 배경이 되었다.

숫자의 정직함,
그 뒤에 숨겨진 삼고초려

사회학자 김은성 박사는 저서 《정책과 사회》를 통해 배출권거래제(ETS)의 도입을 '탄소의 가독성 확보'라고 평가했다. 과거 목표 관리제 시절, 기업에 온실가스 배출량은 환경 부서에서 대충 산정하는 추정치에 불과했지만, ETS는 차원이 달랐다. 배출량이 곧 기업의 장부상 부채가 되고 시장에서 거래되는 '돈'이 되는 순간, 데이터의 사소한 오차는 시장 전체를 붕괴시킬 수 있는 시한폭탄이 되기 때문이다.

나는 제도 설계 당시, 이 MRV(측정·보고·검증) 체계의 성패가 곧 한국 탄소시장의 신뢰를 결정짓는 핵심이라고 확신했다. 그리고 그 신뢰의 중심에는 온실가스 종합정보센터(GIR)가 있었다. 시장이 신뢰를 얻으려면 센터는 단순한 행정 기관을 넘어, 전문성과 독립성을 갖춘 '시장의 파수꾼'이 되어야 했다.

하지만 제도를 구체화하던 긴박한 시기에 위기가 찾아왔다. 센터를 이끌던 최고의 전문가 Y 센터장님이 자리를 떠나려 한다는 소식이었다. 그는 친시장적 시각과 날카로운 전문성을 동시에 갖춘 분으로 그가 없는 센터는 자칫 관료주의에 휘둘릴 위험이 컸다. 나는 그를 놓치면 배출권거래제라는 거대한 함선의 나침반을 잃는 것과 같다고 판단했다.

장소는 정확히 기억나지 않지만, 센터장실에서 그를 마주했던 그날의 절박함은 여전히 생생하다. 이미 마음을 정리한 분을 돌려세우는 것은 새로운 사람을 모시는 것보다 몇 배는 힘든 일이었다. 나는 그에게 간곡히 청했다. "정부의 통제가 아니라, 시장의 신뢰를 설계해 주십시오. 당신의 전문성이 이 제도의 마지막 보루입니다."

결국 나의 진심은 통했고, 그의 유임은 시장에 강력한 메시지를 던졌다. 정부가 입맛대로 수치를 주무르지 않겠다는 무언의 약속이 된 것이다. 이후 기업 현장에서는 놀라운 변화가 일어났다. 대충 적어내던 보고서가 CFO의 결재를 받는 '재무 보고서'로 격상되었고, 기업 간부들은 온실가스 데이터를 경영의 핵심 지표로 보기 시작했다. 설계자로서 내가 그토록 전문가의 자존심을 지켜주려 했던 노력이 결국 기업들이 탄소 정책을 진심으로 받아들이게 만든 보이지 않는 동력이 된 셈이다.

K-ETS의 탄생

1　　K-ETS의 법적 근거

한국의 배출권거래제는 단순한 정책적 선언을 넘어, 견고한 법적 근거와 단계별 계획에 따라 체계적으로 발전해 왔다. K-ETS의 최상위 근거법은 「온실가스 배출권의 할당 및 거래에 관한 법률(약칭: 배출권거래법)」이다. 이 법은 2012년 제정되어 2015년부터 본격 시행되었으며, "시장 기능을 활용하여 온실가스 감축 목표를 효과적으로 달성"하는 것을 목적으로 한다. 2024년과 2025년에 걸친 대대적인 법 개정을 통해, 이제는 단순한 환경 규제를 넘어 탄소 금융 시장으로의 도약을 명문화하고 있다.

2　　적용 대상 온실가스 및 시설

K-ETS의 대상이 되는 온실가스는 이산화탄소(CO_2), 메탄(CH_4), 아산화질소(N_2O), 수소불화탄소(HFCs), 과불화탄소(PFCs), 육불화황(SF_6) 등 6대 온실가스이다. 할당 대상 시설은 최근 3년 연평

균 배출량이 업체 단위 12.5만 톤, 사업장 단위 2.5만 톤 이상인 곳이 의무 대상이다. 현재 770여 개 업체가 참여하며 국가 배출량의 약 74%를 커버하고 있다.

3   유연성 메커니즘

배출권거래제가 '명령지시적 규제'와 다른 결정적 차이는 기업에게 '시간'을 선택할 자유를 준다는 점이다. 그 핵심 도구가 바로 이월과 차입이다. 이월(Banking)은 쓰고 남은 배출권을 저축하듯 다음 해로 넘기는 것이다. 이는 기업이 선제적으로 감축 기술에 투자할 강력한 인센티브가 된다. "지금 아끼면 나중에 자산이 된다"는 믿음이 시장을 움직인다. 다만, 한국은 기업들이 배출권을 팔지 않고 쌓아두는 것을 막기 위해 '순매도량의 일정 배수'만큼만 이월할 수 있도록 제한하고 있다.

차입(Borrowing)은 당장 배출권이 부족할 때 내년 치를 미리 당겨 쓰는 것이다. 일종의 단기 대출과 같다. 예상치 못한 생산량 증가나 사고로 배출량이 늘었을 때 기업의 숨통을 틔워주는 안전장치다. 다만 지나친 남용을 방지하기 위해 계획기간 내에서 일정 범위(약 15%) 안에서만 허용된다. 이러한 유연성 메커니즘에도 불구하고 한국 시장은 초기 유동성 부족으로 인해 '이월'은 지나치게 많고 '거래'는 적은 교착 상태를 겪기도 했다. 정부가 이월 제한 조치를 도입하며 시장 참여를 독려했던 과정은 자율과 규제 사이의 팽팽한 줄다리기를 잘 보여준다.

상쇄(Offset)는 기업이 자기 공장 안이 아니라, 외부(중소기업 지원, 해외 감축 사업 등)에서 줄인 실적을 배출권으로 인정받는 제도다. 이는 감축 비용이 많이 든 대기업이 비용이 적은 곳의 감축을 지원하게 함으로써 사회 전체적으로 '가장 저렴한 비용'으로 탄소를 줄이게 한다. 해외 또는 할당 대상 외 사업 등 외부에서 온실가스를 줄인 실적을 배출권으로 전환해 사용하는 것이다.

특히 한국 기업들이 베트남, 라오스, 미얀마, 우즈베키스탄 등에서 쿡스토브(취사도구)와 정수기를 보급하거나 매립가스 포집 및 발전사업을 통해 얻은 배출권이 국내 시장에서 거래되는 모습은, 기후 대응이 어떻게 국경을 넘어 글로벌 연대로 확장될 수 있는지를 보여주는 흥미로운 대목이다. 다만 국내 직접 감축을 우선시하기 위해 현재는 전체 제출량의 5% 이내에서만 상쇄를 허용하고 있다.

< 주요 해외 온실가스 감축 사업 추진 현황 >

사업 유형	시행 기업/기관	국가 및 지역	시행/착공 시기	현재 상태
매립가스 (LFG) 발전	수도권매립지 관리공사(SLC), 세이프티아 등	우즈 베키스탄 타슈켄트	2023. 01 ~	시설 준공 및 가동 중 (제6.2조 최초 승인 사례)
매립가스 (LFG) 포집	유진에너팜, SLC	베트남 다낭	2024. 05 ~	타당성 조사 완료 및 설비 구축 단계
지붕형 태양광	SK에코플랜트, 나미솔	베트남 전역	2022. 02 ~	다수의 산업단지 내 가동 및 배출권 확보 중
고효율 쿡스토브	SK에코플랜트, 기후변화센터	베트남 등	2023. 11 ~	신규 방법론(IoT 도입) 적용 보급 중
정수기 보급	에코아이, 기후변화센터	라오스, 캄보디아	2021. 06 ~	보급 완료 후 현재 감축량 모니터링 및 인증 단계

출처 기후에너지환경부 "해외 온실가스 감축사업 지원 현황" 자료를 바탕으로 필자 재구성

4 시장 안정화 조치

시장 안정화 조치(Market Stability Measures)는 시장의 수급 불균형이나 가격의 급격한 변동으로 인해 제도의 안정성이 흔들릴 때 정부가 개입하는 일종의 '안전장치'이다. 즉 배출권 가격이 너무 높으면 기업의 비용 부담이 지나치게 커져 산업 경쟁력이 약화하고, 반대로 가격이 너무 낮으면 기업들이 감축 기술에 투자할 유

인이 사라진다. 이와 같이 시장이 비정상적으로 작동할 때 정부가 미리 정해진 기준에 따라 개입한다.

한국은 「온실가스 배출권의 할당 및 거래에 관한 법률」 시행령 제30조에 따라 다음과 같은 경우 시장 안정화 조치를 시행할 수 있다.
① 배출권 가격이 6개월 연속 직전 3개년 평균 가격보다 3배 이상 높은 경우
② 배출권 거래량이 최근 3개년 같은 기간보다 2배 이상 많고, 가격이 2배 이상 높은 경우
③ 배출권 가격이 1개월 연속 직전 3개년 평균 가격의 60% 미만인 경우

첫째, 정부가 예비로 보유하고 있는 물량(예비분)을 시장에 추가로 공급하는 예비분 매각이 있다. 배출권 수요가 급등하여 가격이 폭등하거나 시장에 매물이 없어 거래가 절벽에 부딪혔을 때 공급을 늘려 가격 상승을 억제하고 유동성을 공급한다.

둘째, 정부가 직접 시장에서 배출권을 사들이거나 파는 보유물량의 강제 매입 또는 매도 방식이 있다. 가격 폭락 시에는 정부가 배출권을 사들여 가격 하한선을 지지하고, 가격 폭등 시에는 보

유 물량을 풀어 상한선을 지지한다.

셋째, 다음 이행연도의 배출권을 미리 빌려 쓰는 '차입'의 한도를 조절하거나, 남은 배출권을 다음 해로 넘기는 '이월'의 한도를 제한하는 배출권의 이월 및 차입 제한이 있다. 시장에 매물이 너무 안 나올 때 이월 한도를 줄여 매도를 유도하거나, 반대로 공급 과잉일 때 이월을 장려하여 가격 폭락을 막는다.

넷째, 배출권 거래 가격의 상한선과 하한선을 설정하는 최고·최저 가격제(Price Cap & Floor)가 있다. 시장의 변동성이 너무 클 때 사용하며, 한국의 경우 가격이 직전 3개년 평균보다 3배 이상 높은 경우 등 특정 요건이 충족될 때 온실가스 할당 위원회의 심의를 거쳐 시행할 수 있다.

끝으로 시장 참여자를 최대한 제한하는 것이다. 즉 할당 업체와 일부 국책은행만 시장에 참여할 수 있게 하여 주식 시장과 같은 가격의 급등락이 발생하지 않도록 하였다.

최초 이 제도를 설계할 때 산업계에서 가격 급등 등으로 인한 시장 불안정 상황을 우려하여 해외에서 운영하고 있는 거의 모든 시장 안정화 조치를 포함하였다.

그러나 이러한 시장 안정화 조치에 거대한 변화가 있었다. 과거에는 할당 업체와 일부 국책은행만 거래할 수 있던 것을 증권사(투자매매업자), 자산운용사(집합투자업자), 은행, 보험사, 기금 관리자까지 시장 참여가 허용되었다. 이제 기업들은 주식처럼 전문 중개회사를 통해 배출권을 사고팔 수 있게 되어 거래의 편의성이 획기적으로 높아졌다.

과거 '직전 3개년 평균가격의 3배'였던 엄격한 급등 기준을 2024년 '직전 2개년 평균가격의 2배'로 현실화하였다. 이어 2025년에는 가격 하락 개입 기준까지 70%로 상향하며 시장 방어력을 강화했다.

5   할당

K-ETS는 국가 온실가스 배출량의 약 70% 이상을 커버하는 광범위한 설계로 시작했다. 또한 초기 시장 충격을 완화하고 유연한 안착을 위해 제1차 계획기간(2015~2017)에는 100% 무상할당을 적용하여 기업들이 제도에 적응할 시간을 부여했다. 그리고 EU-ETS 등 해외 사례를 참고하되, 전력 소비 비중이 높은 국내 상황을 고려해 '간접배출'을 규제 대상에 포함하는 한국만의

독창적인 체제를 구축했다.

6   이행 및 준수 제도

시장이 성립하려면 약속을 어겼을 때의 대가가 명확해야 한다. 배출권거래제도의 강제성과 엄격함을 상징하는 과징금(Penalty) 제도가 도입되었다. 기업이 할당받은 배출권보다 더 많은 온실가스를 배출하고도 시장에서 배출권을 확보하지 못할 경우, 부족분 1톤당 해당 시점 시장가격의 3배(최대 10만 원)에 달하는 과징금을 부과하기로 한 것이다. 이는 단순히 징벌적 의미를 넘어, 기업에 '시장에서 배출권을 구매하는 것이 과징금을 내는 것보다 경제적으로 유리하다'라는 강력한 유인을 제공하여 시장 거래를 활성화하기 위한 핵심 설계였다. 이러한 거버넌스의 정립 과정은 K-ETS가 환경 정책을 넘어 국가 경제 전략의 핵심 과제로 자리 잡았음을 보여주는 중요한 대목이었다.

또한 시장의 투명성과 공신력을 담보할 무대로는 한국거래소(KRX)가 선정되었다. 주식 거래의 메카인 거래소를 통해 배출권이 거래되도록 함으로써, 탄소 배출권이 단순한 환경 규제 준수 수단을 넘어 하나의 '금융 자산'으로 인식될 수 있는 인프라를 마련한 것이다.

7   한국형 거버넌스: 부처 간 협력과 견제의 조화

한국의 배출권거래제 추진체계는 도입 당시의 극심한 정책 갈등을 해소하기 위해 설계된 독특한 이원적 구조로 되어 있다. 핵심은 경제 정책의 사령탑인 기획재정부를 의사결정의 전면에 배치하여 환경 정책과 경제 정책의 균형을 도모한 점이다.

정부는 최고 의결 기구인 '배출권 할당 위원회'의 위원장을 경제부총리(기재부 장관)가 맡도록 하고, 상위 계획인 '배출권거래제 기본계획' 수립권 역시 기재부에 부여했다. 이는 산업계의 불안감을 제도적으로 수용하면서도 정책 추진력을 확보하기 위한 전략적 선택이었다. 환경부는 실무 간사로서 전문성을 발휘하되, 지식경제부(현 산업부)와 국토교통부 등 관계 부처가 '공동 작업반'을 통해 할당 계획 수립에 상시 참여하는 범정부 협력 모델을 구축하였다.

< 한국 배출권거래제 거버넌스의 주요 특징 >

구분	주요 내용	비고
의결기구	배출권 할당위원회 (위원장: 기획재정부 장관)	범정부 최고 의결
기획·총괄	배출권거래제 기본계획 수립 (기재부)	경제 정책과의 정합성
집행·운영	할당 계획 수립 및 실무 운영 (환경부)	환경 전문성 확보
협업체계	부처 합동 공동작업반 운영	산업계 의견 수용 통로

출처 남광희·박용성(2022) 자료를 토대로 필자 재구성

왜 기획재정부가 배출권거래제의 '키'를 잡게 되었나?

배출권거래제 운용에서 가장 중요한 주무관청 이슈를 둘러싸고 '친환경 연합'과 '친시장 연합' 간 유례없는 정면충돌이 있었다.

산업계는 소통 창구를 위해 목표 관리제와 같이 지식경제부(지경부)가 주무관청이 될 것을 주장하였다. 이에 대해 환경단체는 친시장 연합의 주장은 선수가 심판을 겸하는 격과 같다고 비판하면서 주무관청은 환경부로 단일화하여야 한다고 주장하였다.

당시 녹색성장위원회 기후변화대응국장으로 근무하던 나는 주무관청 이슈의 민감한 성격을 고려하여 이를 차관회의에서 결정하기로 하되 환경부와 지경부 간 갈등을 예견하고 미리 치밀하게 준비하였다. 주무관청 결정에서 가장 중요한 기준이 해외 사례인데 환경부와 지경부 모두 자체 조사 자료를 토대로 자기 부처가 해야 한다고 주장하였다. 객관적이고 정확한 자료 확보를 위해 외교부에 요청하여 재외공관을 통해 각국 배출권거래제 주관부처 현황을 전수 조사했다. 조사 결과 90% 이상의 나라가 환경부에서 주관 관청 역할을 하고 있었고, 이 조사 결과를 토대로, 환경부로 주무관청을 단일화할 수 있었다.

그러나 환경부가 주무관청이 될 때 나타날 수 있는 규제 강화 등 산업계의 우려를 완화하기 위해 몇 가지 보완 조치를 마련했다. 먼저 배출권 할당과는 별도로 '기본계획'을 만들어 기획재정부(기재부)가 관장하게 함으로써, "경제 수장이 제도를 총괄한다"는 신호를 보내어 산업계가 안심할 수 있게 하였다.

또한 이 제도의 핵심 기구인 국가 할당 위원회 위원장은 기재부 장관이 맡게 하고 환경부는 실무를 총괄하는 간사 역할을 하되 지경부, 국토부 등 소관 부처의 공무원이 할당량 결정 심의위원회, 인증위원회 등에 참여하도록 하는 다층적인 거버넌스 구조를 만들었다. 여기에 덧붙여 공동 작업반을 설치·운영하여 각 부처에서 추천한 전문가들이 참여하여 업체의 할당량에 관한 초안을 작성하게 함으로써 환경부가 주무관청이 될 때 나타날 수 있는 전문성 약화 우려를 불식시키고자 하였다(아래 그림 참조).

　이와 같이 한국에서만 찾아볼 수 있는 독특한 거버넌스 덕분에 산업계는 극렬한 반대를 멈추고 협상 테이블에 앉을 수 있었고, 마침내 아시아 최초의 전국 단위 배출권거래제가 법률안으로 확정될 수 있었다.

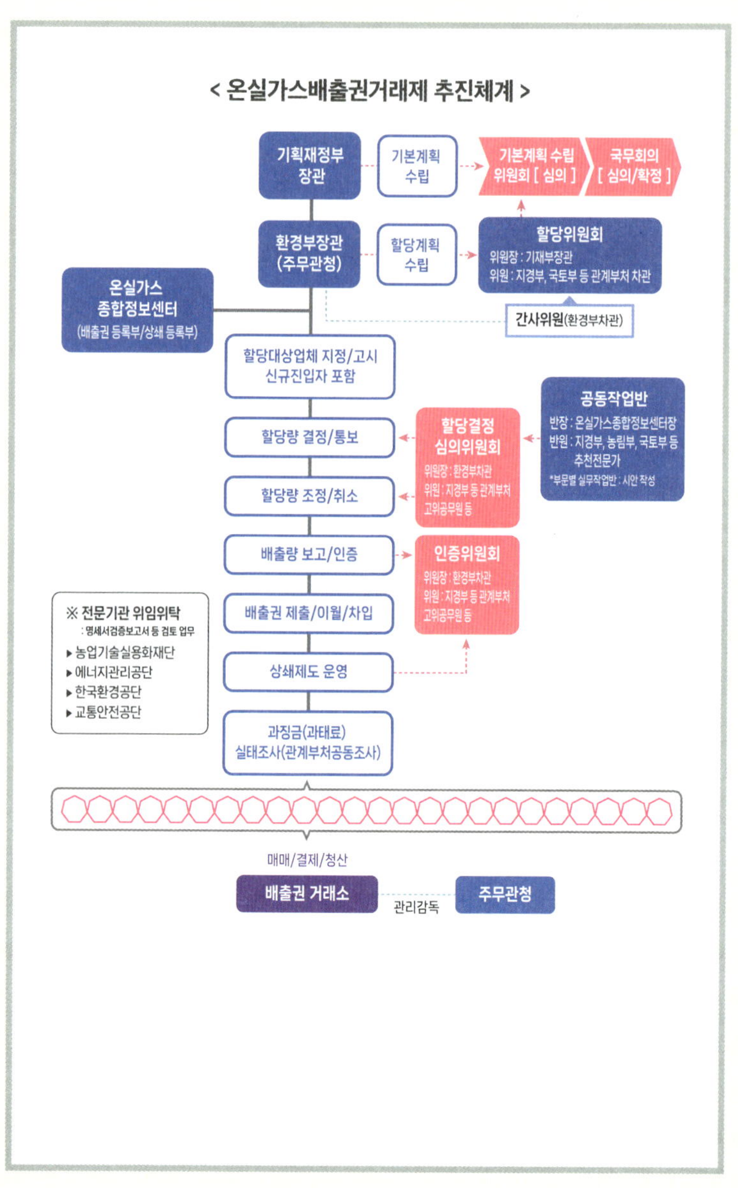

< 온실가스배출권거래제 추진체계 >
기획재정부 장관
기본계획 수립
기본계획 수립 위원회 [심의]
국무회의 [심의/확정]
환경부장관 (주무관청)
할당계획 수립
할당위원회
위원장 : 기재부장관
위원 : 지경부, 국토부 등 관계부처 차관
간사위원(환경부차관)
온실가스 종합정보센터
(배출권 등록부/상쇄 등록부)
할당대상업체 지정/고시 신규진입자 포함
할당량 결정/통보
할당결정 심의위원회
위원장 : 환경부차관
위원 : 지경부 등 관계부처 고위공무원 등
공동작업반
반장 : 온실가스종합정보센터장
반원 : 지경부, 농림부, 국토부 등 추천전문가
*부문별 실무작업반 : 시안 작성
할당량 조정/취소
배출량 보고/인증
인증위원회
위원장 : 환경부차관
위원 : 지경부 등 관계부처 고위공무원 등
배출권 제출/이월/차입
※ 전문기관 위임위탁
: 명세서검증보고서 등 검토 업무
▶ 농업기술실용화재단
▶ 에너지관리공단
▶ 한국환경공단
▶ 교통안전공단
상쇄제도 운영
과징금(과태료) 실태조사(관계부처공동조사)
매매/결제/청산
배출권 거래소
관리감독
주무관청

K-ETS의 고유한 정체성

한국 온실가스배출권거래제(K-ETS)의 주요 내용 및 특징

한국의 배출권거래제는 고정된 박제와 같은 제도가 아니다. 2015년 첫발을 내디딘 이후, 국내외 경제 상황과 기후 목표의 변화에 발맞춰 끊임없이 세포 분열하며 진화해 왔다. 이 진화의 궤적을 이해하는 것은 단순히 제도의 변천사를 파악하는 것을 넘어, 한국 경제가 저탄소 구조로 연착륙하기 위해 어떤 고뇌를 거쳤는지 살피는 과정이기도 하다.

한국은 제도의 연착륙을 위해 5년(또는 3년) 단위의 '할당 계획'을 수립하여 운영해 왔다. 먼저 제1차 계획 기간(2015~2017)은 '학습과 안착'의 시기였다. 시장의 충격을 최소화하기 위해 배출권의 100%를 무상으로 할당했으며, 기업들이 제도에 적응할 수 있도록 유연한 운영에 방점을 두었다. 이어지는 제2차 계획기간(2018~2020)은 '실질적 감축'의 신호를 보내기 시작한 시기였다. 처음으로 3%의 유상 할당 제도가 도입되었고, 할당 방식에서도 과거 배출량 중심(GF)에서 효율이 좋은 기업에 유리한 벤치마크(BM) 방식으로의 전환이 시작되었다.

제3차 계획기간(2021~2025)에 접어들면서 K-ETS는 '감축 가속화' 단계에 들어섰다. 유상 할당 비중이 10%로 확대되었고, 금융기관 등 제삼자의 시장 참여가 허용되면서 시장의 유동성이 보강되었다. 특히 2030 국가온실가스감축목표(NDC) 상향에 따라 배출권 허용 총량이 대폭 축소되며, 탄소 가격이 기업 경영의 실질적인 변수로 자리 잡았다.

그리고 마침내 올해 제4차 계획 기간(2026~2030)의 막이 올랐다. 4기는 그간의 운영 경험을 집대성하여 '탄소중립 견인'을 정조준하고 있다. 가장 눈에 띄는 변화는 더욱 엄격해진 할당 방식과 유상 할당의 전면적 확대 검토다. 특히 EU의 탄소국경조정제도(CBAM)와 같은 국제적 파고에 대응하기 위해 국내 탄소 가격을 국제 수준과 동기화하려는 정책적 노력이 투영되었다. 또한, 배출권 선물 시장의 고도화와 위탁거래 도입 등을 통해 시장의 효율성을 극대화함으로써, 이제 배출권거래제는 단순한 환경 규제를 넘어 명실상부한 '기후 금융'의 영역으로 진입하게 되었다.

< K-ETS 기수별 운영 기준 변화(1~4기 요약) >

구분	1기 (2015~17)	2기 (2018~20)	3기 (2021~25)	4기 (2026~30)
유상 할당 비율	0% (전원 무상)	3%	10%	유상 할당 확대 (추진)
할당 방식	GF (과거 배출량) 중심	BM 방식 도입 확대	BM 방식 주류화	BM 방식 전면 확대
시장 참여자	할당 대상 업체	업체 + 산업은행 등	금융기관 (증권사 등)	제3자 및 위탁거래 확대
주요 목표	제도의 안정적 안착	감축 실효성 제고	NDC 달성 기여	탄소중립 가속화

출처 제4차 온실가스배출권거래제 기본계획을 바탕으로 필자 재정리

< 유상 할당 규모 확대(2015-2024) >

1   '간접배출' 규제: 한국형 제도의 독창적 승부수

K-ETS를 전 세계 다른 배출권거래제와 구분 짓는 가장 뚜렷한 특징은 바로 '간접배출(Indirect Emission)'을 규제 대상에 포함했다는 점이다. 일반적으로 EU-ETS 등은 연료 연소 과정에서 발생하는 직접배출만을 관리하지만 한국은 기업이 외부로부터 구매하여 사용하는 전기나 열(스팀)을 생산하는 과정에서 발생하는 온실가스까지 규제 범위에 넣었다.

이는 전력 소비 비중이 높은 국내 산업 구조를 반영한 고육지책이자 전략적 선택이었다. 발전 부문(직접배출)에만 책임을 묻는 것을 넘어 전력을 소비하는 산업체(간접배출)에게도 에너지 효율 개선과 절약의 책임을 부과함으로써 수요 측면의 감축을 강력히 유도하겠다는 의지다. 비록 이중 규제라는 논란이 여전히 존재하지만 국가 전체의 에너지 소비 효율을 높이는 데 기여해 온 K-ETS만의 고유한 정체성으로 자리 잡았다.

2   할당 방식의 진화: 사업장 중심에서 효율 중심으로

초기 K-ETS는 기업의 과거 배출량을 기준으로 배출권을 나누어 주는 '과거 배출량 기반(Grandfathering, GF)' 할당 방식을 주로 채택했다. 그러나 이는 배출을 많이 했던 기업에 오히려 더 많은 배출권을 주는 모순을 낳았다.

최근 한국 제도는 이를 개선하기 위해 동종 업계 내에서 배출 효율이 좋은 기업에 유리한 '배출효율 기준(Benchmark, BM)' 할당 방식을 대폭 확대하고 있다. 특히 최근 국회를 통과한 개정안에 따르면 이제 배출권 할당 기준은 기존 '업체 단위'에서 '사업장 단위'로 더욱 구체화되었다. 이는 각 사업장의 특성을 더욱 세밀하게 반영하여 할당의 형평성을 높이고, 기업들이 개별 사업장 단위에서 저탄소 공정 전환을 가속화하도록 만드는 제도적 동력이 되고 있다.

3 　유연성과 안정성의 균형: 상쇄배출권과 시장 관리

K-ETS는 기업의 이행 부담을 덜어주기 위한 '유연성 메커니즘'에서도 독자적인 길을 걷고 있다. EU-ETS가 상쇄배출권 사용을 엄격히 제한하는 방향으로 선회한 것과 달리 K-ETS는 국내외 외부 사업을 통한 감축 실적을 인정함으로써 기업들에게 다양한 감축 옵션을 제공한다.

2025년 상반기 국내 환경단체(플랜 1.5)와 해외 연구진(UC 버클리 등)이 한국 기업들이 참여한 쿡스토브 사업 21건을 전수 조사한 결과 국내 기업들이 보고한 감축량이 실제 효과보다 평균 18.3배나 과다 산정되었다는 주장이 제기되어 큰 파장이 있었다. 이 사건을 계기로 한국의 상쇄배출권 사용에 대한 NGO의 날카로운 비판이 제기되고 있고, 파리협정 제6.2조의 '상응조정'이라는 복잡한 제도적 장벽과 마주하며 마음 한편이 무겁기도 하다.

NGO의 과다 산정에 대한 지적은 타당한 비판이다. 하지만 정책은 '완벽한 상태'에서 시작하는 것이 아니라, 문제를 해결하며 나아가는 과정이다. 이 문제로 상쇄배출권 사업을 포기한다면 개도국의 온실가스 배출은 여전히 방치될 것이고, 주민들의 기침은 멈추지 않을 것이다.

또한 상응조정으로 인해 한국의 실익이 줄어든다는 우려도 있다. 그러나 나는 이를 '손해'가 아닌 '공정한 상생의 비용'이라 부르고 싶다. 우리가 기술과 자본을 제공하고 그 성과를 현지와 나누는 것은 상호 간에 'Win-Win'이 되는 자원 배분이고, 선진국이 된 한국이 가질 수 있는 기후 리더십의 품격이 될 수 있다고 본다.

구더기 무서워 장을 못 담가서는 안 된다. 장 맛이 변했다면 독을 닦고 소금을 다시 칠 일이지 장독을 깨뜨려서는 안 된다. 지금의 논란은 우리가 더 투명하고 정교한 'K-환경 시스템'을 만드는 소중한 거름이 될 것이라 믿는다.

한편 시장안정화 제도에 관해 EU는 '시장안정화비축(MSR)'을 통해 공급 물량을 자동으로 조절하는 시스템을 갖춘 반면 한국은 과거 예비분 공급, 시장 참여자 제한 등 정부 개입을 통해 가격 급등락에 따른 산업계 충격을 최소화하였다.

그러나 앞에서 설명한 것처럼 최근 정부는 법령 개정을 통해 시장 참여자의 범위를 금융기관과 자산운용사 등으로 확대함으로써 시장의 유동성을 공급하고 가격 발견 기능을 강화하였다. 이는 단순히 규제를 넘어서 배출권을 하나의 '자산'으로 기능하게 함으로써 탄소시장을 고도화하려는 목적을 담고 있다.

4   관리대상 온실가스 확대, 배출 허용 총량 및 유상 할당 강화

한국은 현재 6대 온실가스를 관리하고 있고, EU와 중국은 특정 가스(CO_2 등)에 집중하고 있으며, 캘리포니아나 캐나다는 7대 온실가스와 기타 불소계 가스까지 포함하고 있다. 그러나 우리도 캘리포니아나 캐나다처럼 온실가스 관리범위를 넓힐 필요가 있다. 이는 에너지 신산업 분야의 기술 혁신과 국가 경쟁력 제고로 이어지는 긍정적인 시너지 효과를 낼 것이다.

또한 기존에는 총량 외 별도로 마련해 두었던 시장 안정화 조치용 예비분을 배출 허용 총량 안에 포함시켰다. 이는 2030년까지 온실가스를 40% 감축하겠다는 상향된 국가온실가스감축목표 달성을 위한 조치이다. 총량 외 예비분을 사용할 경우 실제 배출량이 계획보다 늘어나 NDC 달성에 차질을 빚을 수 있기 때문이다.

한편 미국 캘리포니아는 62~100%, EU는 57% 이상의 높은 유상 할당 비율을 보이고 있으나, 한국은 여전히 낮은 유상 할당 비율(10%)로 인해 기업들에 충분한 감축 유인을 제공하지 못한다는 지적을 받고 있다.

이러한 문제점을 개선하기 위해 최근 『배출권거래법』 개정을 통해 '유상 할당'을 할당의 기본 원칙으로 명문화하였다. 과거에는 탄소 누출 위험 등을 고려해 무상 할당의 예외를 넓게 인정했으나, 이제는 국가 NDC 목표 달성과 글로벌 스탠다드 부합을 위해 '오염자 부담 원칙'을 법적으로 더욱 공고히 했다. 또한 EU의 4단계 계획을 벤치마킹하여 탄소 누출 위험이 적은 업종부터 유상 할당 비율을 최소 50% 이상으로 조속히 상향할 계획이다. 유·무상 할당의 판단 기준 역시 배출권 가격에 따라 흔들리지 않도록 '탄소집약도'를 중심으로 개편되어 기업들에게 제도적 불확실성을 줄여주는 동시에 강력한 감축 신호를 보내고 있다.

< 예비분 제도의 강화 >

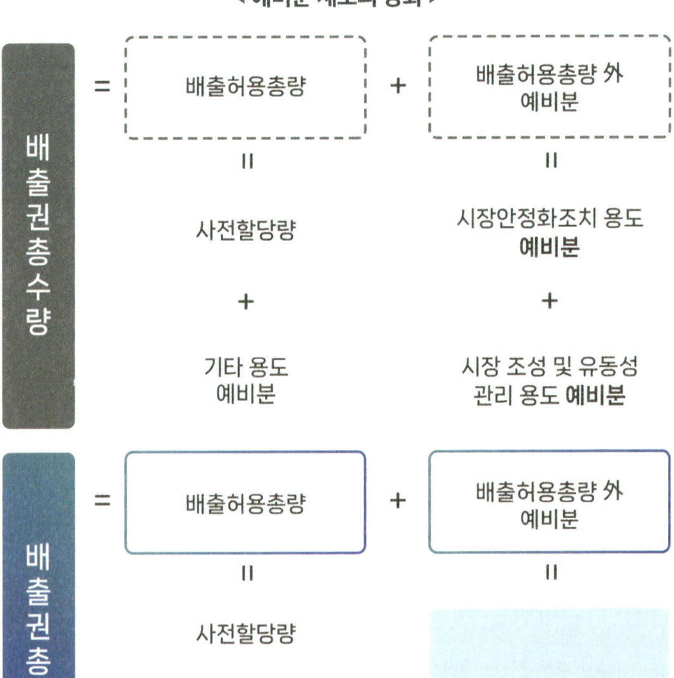

출처 제4차 배출권거래제 기본계획

운영 성과의 안정성을 가름하는 지표는 '가격의 예측 가능성'이다. 미국 캘리포니아와 오레곤은 '가격 천장(Price Ceiling)'과 '가격 바닥(Price Floor)'을 매우 명확히 설정하여 기업들이 탄소 비용을 예측하고 투자할 수 있는 환경을 조성했다.

운영 실적의 핵심인 배출권 가격 면에서 EU는 톤당 80~100유로(약 12~15만 원) 사이의 강력한 가격 신호를 시장에 보내고 있다. 이는 기업들이 탄소포집·활용·저장(Carbon Capture, Utilization, and Storage, CCUS, 이하 CCUS) 기술이나 수소 전환에 투자할 수 있는 충분한 경제적 유인이 된다. 그러나 한국과 중국은 배출권 가격이 상대적으로 낮고 변동성이 커, 기업들이 장기적인 저탄소 설비 투자를 결정하기에 시장 신호가 미약하다는 공통적인 한계를 보인다.

출처 제4차 배출권거래제 기본계획

6 자발적 탄소시장(VCM)과의 시너지 창출

한국, EU, 중국은 정부가 의무를 강제하는 강제적 시장(Mandatory)
이지만, 미국의 주 단위 모델은 상호 합의에 기반한 자발적 협력
성격이 혼재되어 있다. 강제적 규제만으로는 모든 경제 주체를
포괄하기 어렵다. 민간이 주도하는 자발적 탄소시장을 활성화하
여 중소기업과 개인의 참여를 유도하고, 여기서 발생한 감축 실
적을 현재의 ETS와 효과적으로 연계함으로써 탄소시장 전체의
유동성과 신뢰성을 높여야 한다.

양곤의 새벽을 깨우며 달린
5시간의 끝에서

7년 전, 한국환경산업기술원 원장으로 재직할 당시 해외 온실가스 저감사업의 하나인 쿡스토브 현장 점검을 위해 출장을 떠났다. 미얀마의 수도 양곤에 도착한 다음 날 새벽 공기는 차가웠지만 마음은 분주했다. 에코아이와 SK가 추진하던 쿡스토브 사업 현장을 확인하기 위해 길을 나선 참이었다. 비포장도로를 달리고 또 달려 5시간이 넘게 지났을 무렵 마침내 붉은 흙먼지 너머로 작은 마을이 나타났다.

어느 가정집의 부엌, 그곳엔 소박하지만 단단하게 자리 잡은 고효율 쿡스토브가 있었다. 나는 그 집 안주인에게 조심스레 물었다. "이걸 설치하고 나니 뭐가 좋으신가요?" 그 아주머니는 "이걸 쓰고 나서부터 그렇게 괴롭히던 콜록콜록 기침이 씻은 듯이 사라졌어요. 땔감을 구하러 산속을 헤매지 않아도 되니 얼마나 다행인지 몰라요. 우리를 도와주셔서 정말 감사합니다."라고 말하면서 나의 손을 덥석 잡았다. 거칠지만 따뜻한 그 손의 온기가 지금도 선명하다.

그분의 환한 미소를 보며 나는 스스로에게 되뇌었다. '그래, 우리나라가 바로 이런 사업을 해야 해.' 그것은 환경행정가로서의 확신이자, 한 인간으로서 느낀 뜨거운 다짐이었다.

탄소중립의 나침반

한국 온실가스배출권거래제(K-ETS)의 주요 내용 및 특징

이제 우리는 K-ETS의 탄생과 진화 과정을 거쳐, 이 제도가 지향해야 할 종착역인 '기후 금융'의 시대를 마주하고 있다. 지난 10여 년의 여정은 우리 경제에 탄소라는 새로운 비용을 각인시키는 과정이었지만, 앞으로의 여정은 그 비용을 어떻게 '기능적인 자산'으로 전환하느냐에 달려 있다.

1   한국형 모델의 명암과 성찰: 간접배출과 할당의 정의

우리가 구축한 K-ETS는 글로벌 표준과 비교할 때 독특한 명암을 지니고 있다. 유럽과 달리 한국은 전기를 사용하는 단계(수요처)에서도 탄소 비용을 지불하게 설계했다. 이는 에너지 다소비 국가로서 산업계 전체에 강력한 절전 인센티브를 주기 위한 고육지책이었으나, 한편으로는 발전 부문과 산업 부문에서 탄소 가격이 중복 계상된다는 '이중 규제' 논란을 낳기도 했다.

또한, 초기에는 과거 배출 실적에 의존하는 GF(Grandfathering)

방식이 주를 이루었으나, 이제는 시설 효율이 좋은 기업에 유리한 BM(Benchmark) 방식이 대세가 되었다. 이는 "과거에 많이 내뱉은 곳에 많이 준다"라는 불합리함을 깨고, 혁신하는 기업에 보상을 주는 공정한 규칙으로 진화했음을 의미한다. 이러한 제도적 성찰은 4기를 맞이하는 K-ETS가 '환경 정의'와 '경제적 효율성' 사이에서 중심을 잡는 나침반이 될 것이다.

2   '규제 안착'을 넘어 '시장 정상화'로

2026년은 한국 배출권거래제에 있어 중대한 변곡점이 될 것이다. 정부가 최근 확정한 제4차 기본계획은 단순한 감축 목표 관리를 넘어 배출권 시장을 실질적인 '금융 시장'의 반열로 올리겠다는 의지를 담고 있다.

가장 핵심적인 변화는 유상 할당의 대폭 확대다. 특히 발전 부문의 유상 할당 비율을 단계적으로 50% 이상 상향 조정하기로 한 결정은 '오염자 부담 원칙'을 화력발전 비용에 직접 반영하겠다는 강력한 신호다. 이는 산업계 전반에 탄소 비용을 내재화시켜 재생에너지로의 전환을 가속화하는 핵심 동력이 될 것이다.

또한 그간 논란이 되었던 배출허용총량(Cap) 설정 역시 2035 NDC 목표와 연동하여 더욱 엄격하게 설계되어 시장 내 배출권 공급 과잉 문제를 근본적으로 해결할 것으로 기대된다.

3   기후 금융의 혈맥: 시장 참여자 확대와 위탁거래 도입

기후 금융은 K-ETS가 도달해야 할 핵심 영역이다. 그간 우리 시장의 고질적인 약점이었던 '유동성 부족'은 기업들이 배출권을 팔지 않고 쌓아두는 이월의 딜레마를 낳았다. 그러나 정부는 4기부터 이월 가능 물량을 제한하는 강력한 시장 개입을 단행했다. 자율적인 시장 기제와 정부의 관리 사이에서 균형을 잡으려는 이 처절한 몸부림은 한국 시장만의 독특한 풍경이다.

또한 금융기관의 참여 확대와 위탁거래 도입은 배출권 거래를 활성화하는 기폭제가 될 것이다. 이제 기업들은 배출권을 단순히 의무 이행을 위한 '소모품'이 아닌, 금융 전문가를 통해 운용하는 '자산'으로 인식하기 시작했다.

선물(Futures) 시장 개설과 배출권 연계 ETF/ETN 등 다양한 파생상품의 안착은 기업들이 미래의 탄소 가격 변동 위험을 헤지

(Hedge)할 수 있는 수단을 제공한다. 이는 불확실한 탄소 비용을 예측 가능한 경영 변수로 전환해준다는 점에서 기후 경영의 질적 도약을 의미한다.

4   탄소 수익의 선순환: 기후대응기금과 기술 혁신 지원

배출권 유상 할당을 통해 거둬들인 수익은 다시 기업의 저탄소 혁신을 돕는 재원으로 환류되어야 한다. 미국 매사추세츠와 RGGI 참여 주들은 배출권의 거의 100%를 경매로 판매하여 막대한 수익을 거두고 이를 에너지 효율화와 소비자 요금 보조에 사용하고 있다. 캘리포니아는 수익의 25% 이상을 취약 계층 거주 지역에 의무적으로 배분하여 사회적 지지를 확보하는 실적을 냈다. EU는 '혁신 기금(Innovation Fund)'을 통해 대규모 저탄소 프로젝트에 직접 투자한다.

한국 역시 최근 '기후대응기금'을 통해 이러한 환류 체계를 강화하고 있으나, 유상 할당 비중이 낮아 절대적인 재원 규모 면에서 주요국과의 격차를 좁히는 것이 시급한 과제이다. 4기에서 예정된 유상 할당의 확대는 기업들에게는 분명 고통스러운 과정이겠지만 이 재원이 기후대응기금을 통해 탄소중립 기술 개발과 시설 전환에 집중 투자된다면 이는 오히려 우리 산업계의 체질을 바꾸는 '전략적 마중물'이 될 수 있다. 탄소 가격이 높아질수록 역설적으로 우리 기업의 저탄소 기술 경쟁력은 글로벌 시장에서 더 높은 가치를 인정받게 될 것이기 때문이다.

아울러 유상 할당 수익의 일부를 상대적으로 대응 능력이 부족한 중소기업의 에너지 효율 설비 교체에 집중 투자하여 산업계 전반의 '공정한 전환'을 도모할 필요가 있다. 만약 탄소차액계약제도(Carbon Contract for Difference, CCfD) 도입을 통해 혁신적인 저탄소 기술을 도입하는 기업에게 탄소 가격의 변동성을 보전해준다면 수소환원제철이나 CCUS와 같은 고비용·고위험 기술 투자를 촉진할 수 있을 것이다.

5   탈탄소 문명을 선도하는 국가 인프라로서의 K-ETS

한국의 배출권거래제는 지난 10년 동안 수많은 이해관계의 충돌과 제도적 보완을 거치며 성장해 왔다. 이제 K-ETS는 단순히 온실가스를 줄이는 도구를 넘어 한국 경제의 체질을 탄소 집약형에서 저탄소 혁신형으로 바꾸는 '경제 대개조'의 엔진이 되어야 한다. K-ETS가 열어갈 기후 금융의 미래는 정책 당국과 산업계의 상호 신뢰 위에서 완성된다. 이제 배출권거래제는 환경부의 전유물도 산업계의 족쇄도 아니다.

글로벌 탄소 장벽(CBAM 등)이 높아지는 현실 속에서 K-ETS의 고도화는 선택이 아닌 생존의 문제이며 탄소중립이라는 망망대해를 건너게 해줄 가장 정교한 나침반이다. 우리가 1기부터 4기까지 겪어온 수많은 시행착오와 갈등은 결국 이 나침반의 바늘을 더욱 정확하게 교정해가는 소중한 자산이 될 것이고, 한국은 비로소 '기후 악당'의 오명을 벗고 탈탄소 녹색 문명을 선도하는 국가로 거듭날 수 있을 것이다.

K-ETS의 탄생을 이끈 정책 혁신가와
'기묘한 조직'의 비화

대한민국이 아시아 최초로 배출권거래제(K-ETS) 법안을 통과시킨 것은 국제사회에서도 놀라운 사건이었다. 온실가스배출권거래제 정책형성에 관한 연구에 따르면 임기 말 레임덕이라는 정치적 불리함과 산업계의 사활을 건 반대를 뚫고 이 기적 같은 드라마를 써 내려간 주역은 당시 김 녹색성장기획관님과 임 국무총리실장님이었다.

[1] 거센 저항을 뚫어낸 두 명의 '정책 혁신가'

그들은 부처 이기주의를 넘어 '원 거번먼트(One Government)' 방침을 강력히 제시하며 관계 부처의 의견을 하나로 묶어냈다. 특히 김 수석님은 법안에 가장 반대하던 기업 대표를 설득하기 위해 해당 기업의 지방 사업장까지 직접 찾아가는 정성을 보였고, 임 실장님은 국회 법제사법위원회에서 특정 의원의 반대로 법안이 폐기될 위기에 처하자, 개인적인 네트워크를 총동원해 막후 설득에 나서는 승부수를 던졌다. 정책 결정권자들이 책상 앞에 앉아 있지 않고 현장을 발로 뛴 이 헌신은 K-ETS 탄생의 결정적 동력이 되었다.

[2] 4개 부처가 섞인 '기묘한 조직'과 주무관청 결정 비화

배출권거래제법 통과라는 결과 뒤에는, 일반적인 공무원 조직에서는 상상하기 힘든 '견제와 균형'의 드라마가 숨어 있었다. 당시 녹색성장기획단 기후변화 대응국의 정책 결정 라인은 그야말로 '부처 연합군'이었다. 정책 결정 라인이 지식경제부 사무관 → 해양수산부 과장 → 환경부 국장(나) → 기획재정부 단장으로 이어졌다. 한 라인에 4개 부처 공무원이 섞여 있는 이 기묘한 구조는 부처 간 이해관계가 얼마나 첨예했는지를 보여주는 방증이었다.

그 당시 가장 민감한 이슈였던 '주무관청 결정'을 앞두고 나는 국장으로서 의사결정의 객관성을 위해 파격적인 조치를 내렸다. 주무관청 선정의 핵심 근거가 될 선진국의 주관부처 조사 업무에서 지식경제부 출신 담당 사무관을 배제한 것이다. 이 일로 해당 사무관은 소속 부처로부터 부처의 입장을 대변하지 못했다는 거센 질타를 받는 안타까운 상황에 처했다. 지금도 그때를 생각하면 담당 사무관께 죄송한 마음을 금할 수 없다.

나 역시 이해관계가 있는 환경부 출신이라는 이유로 최종 의사결정과정에서 배제되기도 했다. 기획단장님과 국무총리실장님은 상대적으로 객관적 위치에 있던 해양수산부 출신 과장의 보고를 토대로 주무관청에 관한 결론을 내렸다. 돌이켜 보면 당시에는 담당자들에게 큰 부담과 상처를 주기도 했지만 철저하게 객관성을 유지한 덕분에 산업계도 승복할 수 있는 '환경부 주관 관청'이라는 합리적인 결정이 내려질 수 있었다고 생각한다.

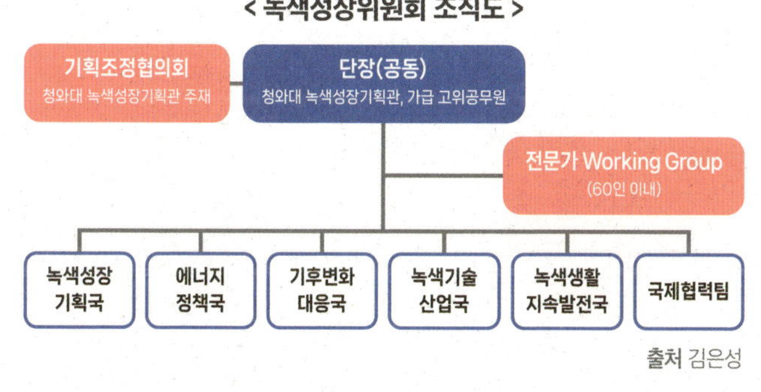

제5장

탄소국경조정제도의 파고를 넘어
탈탄소 강국으로

EU 탄소국경조정제도(CBAM) 도입 배경

미국과 영국으로 번지는 '탄소 국경'의 불길

EU 탄소국경조정제도(CBAM)의 개요

한국 산업의 취약점

위기를 기회로 바꾸는 '그린 보호무역' 대응 전략

EU 탄소국경조정제도(CBAM) 도입 배경

1 글로벌 기후변화 협력의 약화와 패권 경쟁

CBAM 도입의 가장 근본적인 요인으로 다자주의적 기후 협력의 한계를 꼽을 수 있다. 과거 EU는 교토 의정서부터 파리협정까지 기후변화 정책에서 국제사회의 합의를 끌어내기 위해 주도적인 역할을 해왔다. 반면, 최원기 등은 "트럼프 행정부는 중국과 인도와 같은 개도국이 온실가스 감축 의무를 충분히 부담하지 않는다고 주장하며, 미국 경제에 불리한 불공정한 협정이라는 점을 이유로 파리협정을 탈퇴하며 국제 협력을 어렵게 만들었다"고 설명한다. 김성진 등의 설명에 따르면 중국은 G77을 이끄는 개도국의 리더로서 교토의정서부터 '공동의 그러나 차별화된 책임(CBDR)' 원칙을 충실히 이행할 것을 요구하며 자국은 온실가스 배출량 보고 및 관련 의무에서 제외되어야 한다고 주장했다.

이러한 상반된 입장으로 인해 기후변화에서도 협력보다는 경쟁 구도가 형성되고 있으며, 미국과 중국의 기후변화 협력 부재는 전 세계 기후변화 대응 협력을 더욱 어렵게 만들고 있다. 정재현에 따르면 탄소중립 실현을 목표로 한 파리협정도 미·중 간 협력 부재로 인해 글로벌 기후 거버넌스 약화에 따라 EU는 독자적인 기후 정책 마련의 필요성을 절감하게 되었고, CBAM을 통해 모든 국가에 배출감축을 강제하는 방안이 제기되었다.

EU는 CBAM을 통해 자국의 탄소 가격 산정 방식을 글로벌 표준으로 정착시키려 한다. 즉 EU 시장에 수출하려는 국가들이 자발적으로 탄소 가격제를 도입하도록 유도함으로써, EU 주도의 '기후 클럽' 확장을 꾀하는 한편 환경 장벽을 활용해 글로벌 공급망을 재편하고, 기술적 우위에 있는 EU 기업들이 미래 저탄소시장을 선점하도록 뒷받침하는 것이다.

국제 정치학자 로버트 케오헤인(Robert Keohane)은 "국제 협력이 실패할 때 각국은 자국의 이익을 보호하기 위해 일방적인 조치를 하게 된다"라고 분석한 바 있다. 기후 위기에 대한 전 지구적 합의가 지지부진한 사이, 선진국들은 탄소를 매개로 한 새로운 무역 장벽을 경쟁적으로 세우고 있다.

애초 EU의 CBAM 제안은 2007년 "미래 허용량 수입 요건", 2009년 "탄소 포함 메커니즘"과 2016년 "시멘트 부문 국경 조정" 등 세 차례 거론되었으나 이 제안들은 채택되지 못하였다. 박슬기·심창용에 의하면 프랑스를 제외한 대부분의 EU 회원국은 탄소국경조정제도가 보호무역주의적 성격을 띠어 무역 흐름을 왜곡시킬 수 있고, WTO 규정과 상충할 경우 무역 보복으로 이어질 수 있다는 점을 지적하며 CBAM에 대해 회의적인 입장을 보였다고 한다.

그러나 2018년 이후 글로벌 통상환경이 큰 변화를 겪었다. 2018년 미중 간 통상 갈등이 심화되면서 글로벌 통상 여건이 악화하고 COVID-19 팬데믹이 전 세계로 확산하면서 보호무역주의가 강화되었다. 이러한 배경 속에서 2021년 EU는 그린딜 목표 달성을 위해 환경정책을 통상정책과 연계하여 기후변화 대응과 경제적 이익을 병행할 수 있는 잠재적 전략 도구로 탄소국경조정제도를 도입한 것으로 보인다. 즉 CBAM은 단순한 환경정책이 아니라, 변화된 글로벌 통상 환경에 대응하기 위한 EU 신통상 전략의 핵심 도구이다.

미국의 재무장관 재닛 옐런(Janet Yellen)은 일찍이 "기후변화는 단순히 환경의 위기가 아니라 금융과 실물 경제 전체를 뒤흔드는 실존적 위험"이라고 경고한 바 있다. 그녀의 지적처럼, CBAM은 단순한 환경 규제가 아니다. 그것은 화석연료 기반의 구(舊) 경제 체제에 안주해 온 국가들에 보내는 경제적 선전포고다. 탄소 배출권 거래제(ETS)를 통해 비싼 탄소 가격을 치르고 있는 유럽 기업들과 규제가 느슨한 국가의 기업들 사이의 '비용 불균형'을 강제로 맞추겠다는 전략적 보호무역의 산물이다.

3   탄소 누출(Carbon Leakage) 방지와 역내 산업 보호

유럽연합(EU)이 탄소국경조정제도(CBAM)를 들고나왔을 때, 국제사회의 첫 반응은 '녹색 보호무역주의'에 대한 우려였다. 특히 인도와 같은 신흥경제국 및 개발도상국은 수입국에 세금을 부과하기 위해 도입한 조치로서 차별적이고 일방적인 무역장벽이라 비판하며, EU CBAM 도입에 반대 입장을 표명하고 있다.

신흥경제국 및 개발도상국은 (1) WTO 비차별 원칙과 (2) 유엔 기후변화협약(UNFCCC)의 '공동의 그러나 차별화된 책임(CBDR)' 원칙에 어긋난다는 주장을 근거로 WTO와 유엔 기후변화협약 당사국 총회 등 국제사회에서 EU의 CBAM에 반대 뜻을 표명하거나 WTO 제소까지 검토하고 있다.

하지만 EU의 논리는 정교하고 단호했다. 그들은 자국 기업들이 탄소배출권 거래제(EU-ETS)를 통해 막대한 탄소 비용을 지불하며 온실가스를 감축하는 동안, 규제가 느슨한 역외 국가의 제품들이 가격 경쟁력을 무기로 유럽 시장을 잠식하는 '탄소 누출(Carbon Leakage)' 현상을 더 이상 방치할 수 없다고 주장한다. 탄소 누출은 국내 환경규제가 높은 국가에서 상대적으로 낮은 국가로 해외 설비가 이전되거나 수입이 증가하는 등 탄소 배출이 이전되는 것을 의미한다. 이론적으로 볼 때 기후 정책이 엄격한 국가에서 감축된 탄소 배출량은 느슨한 국가로 이전되어 결과적으로 배출량이 감축되지 않는다.

국제적 기후 공조가 약화한 상태에서 EU만 강력한 탄소중립(Fit for 55)을 추진할 경우, 역내 기업들은 막대한 비용 부담으로 인해 경쟁력을 상실하고 생산 시설을 해외로 이전할 위험이 크다. CBAM은 탄소 규제가 느슨한 미국, 중국 등의 제품이 EU 시장에 저가로 유입되는 것을 차단하여, EU 기업들이 겪는 '규제 역차별'을 해소하고자 하는 데 그 목적이 있다.

또한 기존 EU-ETS 체제하의 무상 할당 제도가 단계적으로 폐지됨에 따라, 이를 대체하여 역내 외 기업 간의 비용 형평성을 맞출 공정한 경쟁 환경(level playing field)을 조성하기 위한 조치의 하나로 이 제도가 도입되었다.

미국과 영국으로 번지는 '탄소 국경'의 불길

문제는 여기서 끝이 아니다. 유럽발 탄소 국경의 파도는 이제 대서양을 건너 미국으로, 그리고 영국으로 번지고 있다.

1 영국의 CBAM

영국 정부는 탈탄소화를 촉진하고 탄소 누출 위험을 완화하려는 조치로 2027년부터 CBAM을 도입할 계획이다. 영국의 CBAM은 탄소집약도가 높은 알루미늄, 시멘트, 비료, 수소, 철강 부문에 적용되며, 향후 유리 및 세라믹 부문으로 확대될 수 있다. 영국 CBAM은 UK ETS와 연동되어 시행되며, 해당 부문의 직접배출과 생산 중에 발생되는 전기 사용과 관련된 간접배출까지 모두 포함될 예정이다.

2   미국의 CBAM

한편 미국의 CBAM 논의는 2000년 이후 연방정부 차원의 배출권거래제 입법을 시도하면서 탄소국경조정제도를 포함하였으며, 2007년 '저탄소경제법', 2008년 '기후보안법', 2005년 '미국청정에너지 및 안보 법', 2014년 '미국기회탄소부담금 법안' 등 다수의 탄소국경조정제도 법안이 발의되었으나 이들 법안 모두 채택되지 못했다.

2020년대 들어, 2015년과 2021년 2차례에 걸쳐 '에너지혁신 탄소배당법안'이 발의됐으며, 2021년 '공정전환경쟁법(Fair Transition and Competition Act, FAIR)', 2022년 '청정경쟁법안(Clean Competition Act)', 2023년 '해외오염관세법(Foreign Pollution Fee Act, FPFA)', '증명법(PROVE IT Act)' 등의 탄소국경조정과 관련된 법안이 연속 발의되었다. 트럼프 2기 정부 하의 미국판 탄소국경조정제도(CBAM)는 과거의 '기후 위기 대응' 목적에서 완전히 탈피하여 '중국 견제'와 '미국 우선주의(America First) 보호무역'의 핵심 수단으로 자리 잡았다.

현재 미국 의회에서는 공화당 의원들이 주도하는 두 가지 핵심 법안이 가장 유력하게 검토되고 있다. 해외오염관세법(Foreign

Pollution Fee Act)은 빌 캐시디(공화당) 의원이 주도하며 미국 제품보다 탄소 배출량이 10% 이상 높은 수입품에 세금을 매기는 방식이다. 트럼프 정부의 관세 폭탄 기조와 맞물려 사실상 무역 장벽으로 활용되고 있다. 증명법(PROVE It Act)은 미 국립연구소가 수입품의 탄소 집약도를 조사하도록 하는 법안으로 탄소국경세 도입을 위한 '사전 데이터 구축' 단계에 해당한다.

EU 탄소국경조정제도(CBAM)의 개요

1   적용 대상 및 시기

EU의 CBAM은 2026년 1월 1일부로 전면 시행(Definitive Period)되고 있고, 적용 품목은 철강, 알루미늄, 시멘트, 비료, 전력, 수소 등 6대 품목이다. 2027년부터 유기 화학품, 플라스틱 등으로의 품목 확대 여부가 논의되고 있으며, 간접 배출(Scope 2)의 포함 범위도 품목별로 정교화되고 있다. 다만 중소기업의 행정 부담을 줄이기 위해 연간 수입 중량이 50톤 미만인 경우 CBAM 의무가 면제된다(수소/전력 제외).

< EU CBAM 집행계획 >

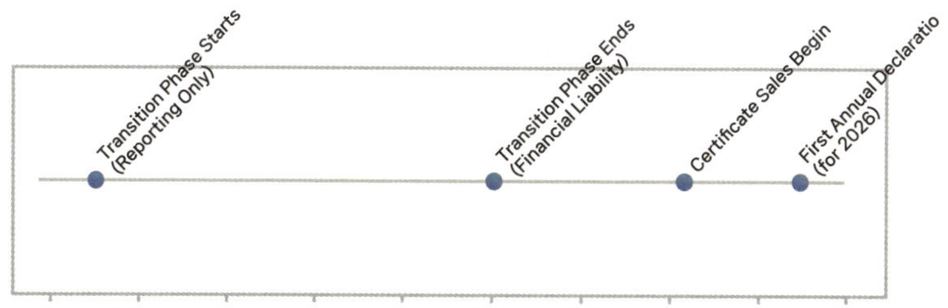

출처 박슬기·심창용(2024)의 자료를 바탕으로 필자 재구성

2   CBAM 운영 절차: '승인된 신고인' 제도

2026년부터는 승인받은 자만이 대상 물품을 EU로 수입할 수 있다. 수입업자는 2026년 3월 31일까지 '승인된 CBAM 신고인(Authorized CBAM Declarant)' 지위를 신청해야 한다. 전환 기간(2023~2025)의 분기별 보고와 달리, 2026년분 배출량부터는 매년 5월 31일까지 전년도 수입량과 내재 배출량을 통합 신고해야 한다. 제출하는 모든 배출량 데이터는 EU가 인정한 공인 검증기관의 확인서가 반드시 첨부되어야 한다.

현재 국내에는 산업통상자원부와 국립환경과학원의 협력을 통해 한국표준협회(KSA), 한국화학융합시험연구원(KTR), 한국기계전기전자시험연구원(KTC), 글로벌 인증기관 한국지사(LRQA 코리아, RINA 코리아, SGS 코리아 등) 등 기관들이 검증 서비스를 제공하고 있다.

3   CBAM 인증서(Certificate) 및 비용 산정

2026년부터는 수입품의 탄소 배출량에 상응하는 '인증서'를 구매하여 제출(Surrender)해야 한다. 가격은 EU 탄소배출권

(ETS)의 주간 평균 경매 가격에 연동되는데 2026년에는 분기별 평균 가격이 적용된다. 수입업자는 수입 시점에 예상 배출량의 일정 비율만큼 인증서를 미리 보유해야 하며, 매년 정산 시 부족분을 추가 제출해야 한다. 한국 내에서 지불한 탄소 가격(K-ETS 등)이 있다면 이를 증명하여 EU 인증서 구매 수량에서 차감받을 수 있다.

4   내재 배출량(Embedded Emissions) 산정 방법

EU CBAM에서 요구하는 배출량은 단순히 공장에서 굴뚝으로 나오는 탄소만을 의미하지 않고, 고유 내재 배출량(Specific Embedded Emissions)이라는 개념을 사용하여, 원재료부터 공정, 전기 사용까지 모두 합산한다. 원칙적으로 생산 시설별 실제 배출량(Actual Emissions) 산정을 요구하고, 실제 데이터를 제출하지 못할 경우 EU가 설정한 최하위 10% 수준의 불리한 '기본값'이 적용되어 비용 부담이 커지게 된다. 철강이나 알루미늄이 포함된 복합 제품의 경우, 원재료(Precursor)의 배출량까지 합산하는 복잡한 계산식이 적용되게 된다.

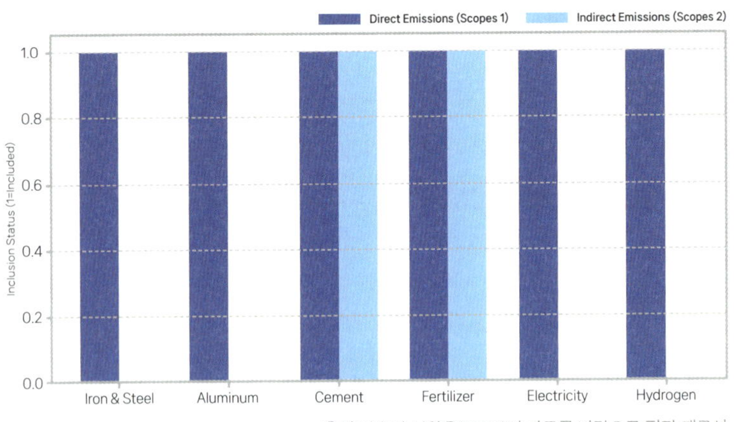

출처 박슬기·심창용(2024)의 자료를 바탕으로 필자 재구성

< 주요국 탄소 관세 제도 도입 현황 및 특징 >

구분	EU CBAM	미국 청정 경쟁법 (CCA)	영국 CBAM
시행 시기	2026년 1월 (본격 시행)	2025~26년경 논의 중	2027년 도입 선언
부과 기준	EU 탄소 가격(ETS)과의 차액	미국 평균 대비 탄소 집약도 초과분	영국 내 탄소 가격과 연동
핵심 단가	EU-ETS 시장 가격 연동	톤당 55달러 (매년 인상)	독자적 관세율 산정
대상 품목	철강, 알루미늄, 시멘트 등 6개	철강, 석유화학 등 12개 품목	철강, 알루미늄, 세라믹 등

출처 박슬기·심창용(2024)의 자료를 바탕으로 필자 재구성

한국 산업의 취약점

1   탄소 가격 및 산정 방식의 제도적 불일치

한국은 이미 배출권거래제를 시행 중이지만, 국내 탄소 가격은 EU-ETS 가격(톤당 약 80~100유로 선)에 비해 현저히 낮다. CBAM은 수입국에서 지급한 탄소 가격을 공제해 주지만 국내 가격이 너무 낮아 공제 효과가 미비하며 결과적으로 상당한 차액을 EU에 내야 하는 상황이다.

EU는 CBAM 도입과 함께 무상 할당을 폐지하고 있으나 한국의 철강 등 주요 산업은 여전히 높은 비율의 무상 할당을 받고 있어 EU는 이를 '실질적인 탄소 비용 지급'으로 인정하지 않을 가능성이 크다.

2   데이터 투명성과 산정 역량의 부족

CBAM이 주는 또 다른 압박은 '정보의 투명성'이다. 이제 단순히 총배출량을 보고하는 수준을 넘어, 제품 생산의 전 과정(LCA)에서 발생하는 탄소를 소수점 단위까지 증명해야 한다. 이는 기업의 영업비밀에 해당하는 공정 데이터까지 국제사회에 공개해야 할지도 모른다는 공포를 유발한다.

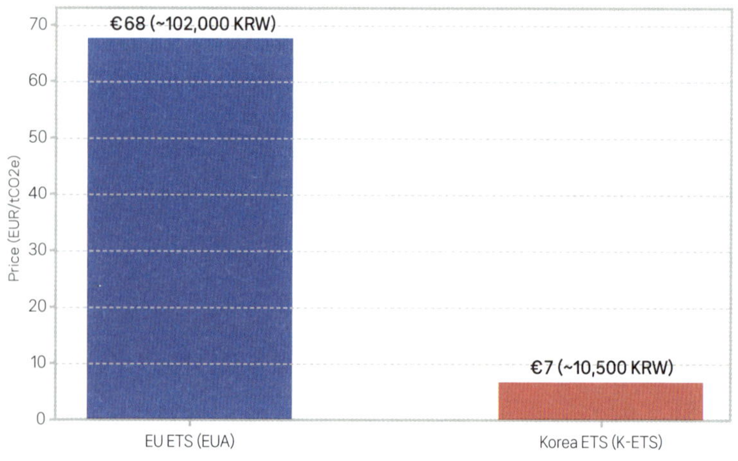

출처 World Bank(2025) 자료를 바탕으로 필자 재구성

대기업은 그나마 대응 인력을 꾸리고 있지만, 공급망 하단에 있는 수많은 중소 부품사는 탄소 배출량을 계산하는 법조차 제대로 알지 못한다. 만약 중소기업들이 이 데이터 싸움에서 밀려난다면, 한국 제조업 전체의 공급망이 붕괴할 수도 있다는 경고는 결코 과장이 아니다.

EU CBAM은 내재 배출량(Embedded Emissions) 보고를 의무화하고 있다. 이는 단순 직접 배출(Scope 1)을 넘어 간접 배출(Scope 2)까지 포함되는 산정 방식으로 한국 기업들에 큰 행정적 부담이다. 특히 중소 협력사들이 포함된 복잡한 공급망 내에서 정확한 탄소 데이터를 산출하고 검증받는 시스템이 미비하다는 점이 지적된다. 우리 기업의 배출량 확정을 위해 EU가 요구하는 공인 검증 기관을 통한 데이터 확정 과정에서 국내 검증 체계와의 호환성 문제가 발생하며, 이는 정보 유출 및 막대한 컨설팅 비용 발생의 원인이 될 수 있다.

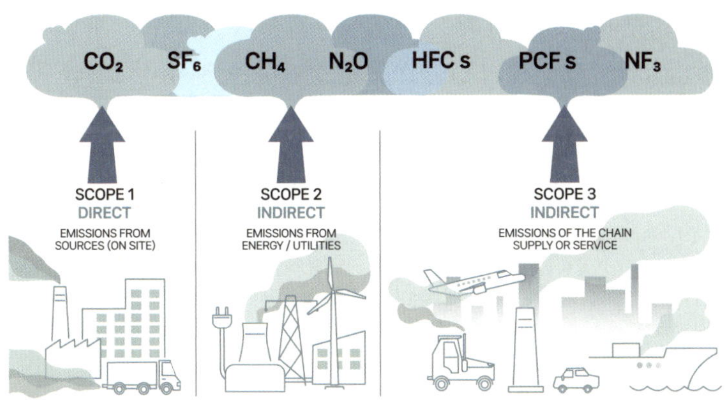

출처 WRI/WBCSD(2004) 자료를 바탕으로 필자 재구성

CBAM의 우선 적용 대상이 된 철강, 알루미늄, 시멘트, 비료, 전력, 수소 등 6대 품목은 공교롭게도 한국 제조업의 바탕을 이루는 분야들이다. 한국의 대EU 수출 주력 품목인 철강과 알루미늄은 공정 특성상 화석연료 의존도가 매우 높다. 저탄소 공정(예: 수소 환원 제철)으로의 전환에는 천문학적인 비용과 시간이 소요된다고 한다. 현대경제연구원의 분석에 따르면, CBAM이 본격 시행될 경우 한국 철강 산업이 부담해야 할 추가 비용은 연간 수천억 원에 달할 것으로 전망된다.

과거 효율과 저비용이 지배하던 자유무역의 시대는 가고, 이제 환경과 안보가 관세의 탈을 쓰고 등장했다. 이제 철강 1톤을 만들 때 발생하는 탄소량이 그 제품의 품질이나 가격보다 더 중요한 경쟁 요소가 되었다. 포스코나 현대제철 같은 거대 기업조차도 유럽이 요구하는 탄소 배출량 보고와 인증서 구매 의무라는 거대한 행정적·경제적 파고 앞에서 생존을 고민해야 하는 처지에 놓인 것이다.

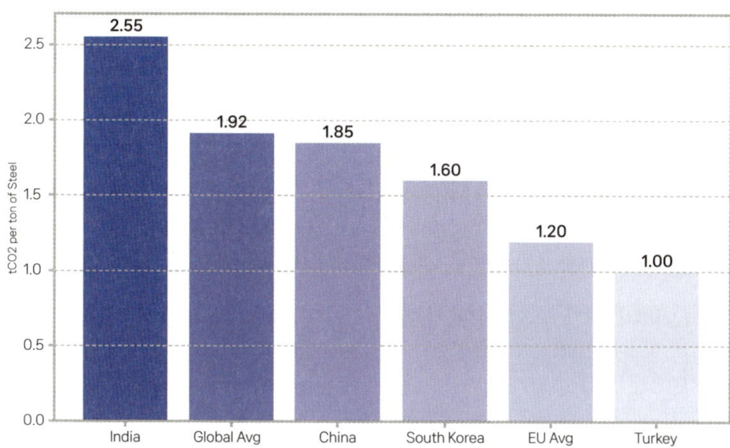

출처 Global Efficiency Intelligence (2025) 자료를 바탕으로 필자 재구성

위기를 기회로 바꾸는
'그린 보호무역' 대응 전략

올해에 시행되는 EU의 CBAM은 발등에 떨어진 불이다. 따라서 위기 상황에 맞는 신속하고 효과적인 대책을 수립해야 한다. 정부와 민간이 혼연일체가 되는 원팀(One Team)으로 움직여야 한다.

한편 EU의 탄소국경조정제도는 단순한 무역 장벽이 아닌 산업 구조 개편의 신호탄이 될 수 있다. 지금의 탄소 감축 투자가 탄소 국경세보다 경제적으로 유리하다는 인식을 공유할 필요가 있다. EU가 신통상정책을 통해 규범을 선점하듯 한국도 아시아 지역 내 탄소 규범 설정을 주도하여 우리 기업에 유리한 환경을 조성할 수 있기 때문이다.

1 정부 차원의 제도적·외교적 대응

한국의 탄소 배출량 산정 및 검증 결과가 EU에서도 그대로 통용될 수 있도록 상호인정협정(MRA)을 위한 외교적 협상에 총력을 다해야 한다. 특히 한국이 이미 탄소 가격제를 운용하고 있다는 점을 강조하여 '이중 과세' 논란을 해소해야 한다. 기 지불된 탄소 가격에 K-ETS뿐 아니라 에너지세제, 부담금 등이 포함되는지도 확인할 필요가 있다.

배출량 데이터를 확인받기 위해 기존에는 EU 현지 검증기관을 섭외해야 하는 번거로움이 있었으나, 최근 협의를 통해 유럽으로부터 인정받은 국내 검증기관을 통해서도 인증이 가능해져 기업의 비용과 행정 부담이 일부 완화되었다. 현재 정부는 우리 기업의 비용 절감을 위해 국립환경과학원이 지정한 검증기관의 결과가 유럽에서도 그대로 통용될 수 있도록 하는 상호인정협정(MRA)을 추진 중이다.

따라서 검증 계약 전 해당 기관이 EU의 2026년 기준(Implementing Regulation)에 따른 자격을 유지하고 있는지 반드시 확인해야 하고, 한국에서 지불한 배출권 비용을 공제받기 위해 '탄소 가격 지불 증빙서'를 미리 준비해야 한다. 그리고 직접 측정 데이터가 없으면 EU가 설정한 불리한 '기본값(Default Value)'이 적용되어 관세 부담이 최대 2~3배까지 늘어날 수 있으므로 실측 데이터 확보가 최우선이다.

탄소 국경 장벽은 대기업보다 공급망 하단에 있는 중소기업들에 더 가혹하다. 대기업은 데이터 관리 인력을 갖출 수 있지만, 중소 부품사들은 자신의 제품에서 탄소가 얼마나 나오는지 측정할 역량조차 부족하다. 예를 들면 철강의 경우 전기로(EAF) 방식을 사용하는 제품이 고로 방식보다 배출량이 현저히 낮게 측정되므로, 수출 시 공정별 데이터를 구분하여 관리하는 것이 유리하다.

CBAM의 영향을 받는 중소기업이 4천 개나 된다. 자산과 인력이 부족한 중소기업이 기후 위기 대응 과정에서 소외되지 않도록 종합적이고 체계적인 지원 체계를 갖추는 것이 국가의 의무이자 책무이다. 이를 위해 정부는 중소기업을 위한 '탄소 배출량 산정 및 보고 플랫폼'을 무료로 보급하고, 전문 컨설턴트를 현장에 파견하는 '탄소 주치의' 제도를 확대해야 한다.

아울러 공급망 전체의 탄소 배출량을 실시간으로 추적하고 관리할 수 있는 디지털 탄소 이력제를 도입하여 데이터 신뢰성을 확보해야 한다.

EU의 탄소국경조정제도에 근본적인 대응을 위해서는 저탄소 생산 기술로의 조기 전환이 필요하다. 정부는 R&D 지원을 통해 수소환원제철, 전기로 확대, CCUS 기술을 조기에 상용화해야 한다. 이는 단순한 규제 대응을 넘어 미래 시장의 주도권을 잡는 핵심 경쟁력이 될 수 있다.

산업계의 대응에 있어 기업별 상황에 맞는 맞춤형 대책도 필요하다. 포스코는 고로 중심의 철강 생산 시스템이므로 기존 용광로 대비 80% 감축할 수 있는 수소환원제철이 중요하나, 전기로 비중이 높은 현대제철은 전기로 확대, 탄소배출량 전과정평가(LCA) 시스템 구축이 효과적인 대응방안이 될 수 있다. 고려아연과 LS 알루미늄 등 알루미늄 산업은 재활용 원료 비중을 확대하고 EU ASI(Aluminium Stewardship Initiative) 인증 확대를 추진하는 게 바람직한 대응이 될 수 있다.

포스코가 추진하는 수소 환원 제철이나 석유화학 업계의 바이오 소재 전환은 한국 산업의 구원투수다. 하지만 이러한 '파괴적 혁신'은 상용화까지 수조 원의 투자비와 불확실한 운영 비용이 발생한다. 기업으로서는 탄소 배출권을 사는 것이 나을지, 아니면 불확실한 미래 기술에 베팅하는 것이 나을지 계산기를 두드려 보지만, 미래의 탄소 가격과 기술 성공 여부가 불투명하니 선뜻 결단을 내리지 못한다.

이때 '정부의 마중물 역할'이 필요하다. 시장의 불확실성을 제거하여 민간의 혁신적 투자가 일어날 수 있는 안전판을 마련해 주기 위해 독일 등 유럽 선진국이 이미 도입한 '탄소차액계약제도(CCfD)'를 도입할 필요가 있다. 이 제도는 정부가 혁신 기술을 도입하는 기업과 장기 계약을 맺고, 시장의 탄소 가격이 일정 수준 이하로 떨어져 투자 수익이 나지 않을 경우 그 차액을 국가가 보전해 주는 제도로서 단순한 시혜성 보조금이 아니라 국가가 리스크를 분담하는 '기후 금융의 보증'이다. 이러한 제도적 뒷받침이 있어야 우리 기업들이 글로벌 탄소 전쟁에서 무기 없이 싸우는 비극을 막을 수 있다.

둘째, 제품의 탄소집약도를 낮추고 간접배출 문제를 해결하기 위해 재생에너지의 획기적 확충과 이를 실어 나를 전력망의 완성이 필요하다. 이를 위해 '국가 전력망 확충 특별법'을 조속히 통과시켜 송전망 건설의 인허가 절차를 국가 주도로 획기적으로 단축해야 한다. 지자체와 주민 사이의 갈등을 개별 공기업(한전)에만 맡겨둘 것이 아니라, 범정부 차원의 보상 체계와 수용성 확보

방안을 마련해야 한다. 또한, 전력 공급과 수요를 실시간으로 조절하는 지능형 전력망(Smart Grid)에 대대적인 투자를 집행하여, 재생에너지의 변동성을 정보통신기술(ICT)로 제어하는 '에너지 지능화'를 국가 핵심 전략으로 삼아야 한다.

4   탄소 가격 정상화

현재 한국의 배출권거래제(K-ETS)는 기업들에 지나치게 관대하다. 배출권 대부분을 공짜로 나눠주는 무상 할당 구조 속에서는 기업이 막대한 비용을 들여 공정을 개선할 경제적 유인이 생기지 않는다. 정부는 배출권 유상 할당 비율을 현재의 10% 수준에서 2030년까지 50% 이상으로 과감히 상향해야 한다. 또한 EU보다 현저히 낮은 탄소 가격을 현실화하여 '한국에서 낸 세금이 EU에 내야 할 돈을 대체'할 수 있도록 K-ETS를 고도화해야 한다.

이는 기업을 옥죄기 위함이 아니다. 우리가 국내에서 탄소에 낮은 가격을 매길수록, 그 차액은 고스란히 유럽의 CBAM 인증서 구매 비용으로 빠져나가 타국의 세수가 될 뿐이다. 국내에서 탄소 가격을 정상화하여 징수된 재원은 다시 우리 기업의 탈탄소 기술 투자로 환류되는 '에너지 선순환 기금'으로 활용되어야 한다. 가격이 바뀌어야 기업의 재무제표가 바뀌고, 비로소 최고경영자(CEO)들이 기후 위기를 실존적인 경영 의제로 다루기 시작할 것이다.

결국 대안의 핵심은 명확하다. 탄소를 비용으로 받아들이고, 그 비용이 혁신의 에너지로 환류되는 시스템을 설계하는 것이다. 정부는 심판이자 조력자로서 시장에 선명한 신호를 보내고, 기업은 그 신호에 맞춰 담대한 투자를 감행할 때, 한국 경제는 비로소 탄소 국경이라는 감옥에서 탈출해 새로운 번영의 기회를 잡을 수 있을 것이다. 특히 중소기업이 저탄소 설비로 교체할 때 파격적인 세액 공제와 초저리 융자를 제공하는 정책 금융 패키지를 가동해야 한다. 중소기업이 무너지면 한국 제조업의 뿌리가 흔들리고, 결국 대기업의 수출 경쟁력마저 동반 하락하는 도미노 현상이 일어날 것이기 때문이다.

특히 2026년은 실제로 돈이 나가는 첫해인 만큼, 우리 기업들은 정확한 데이터 측정, 국내 지불 탄소 가격의 공제 증빙, 50톤 미만 면제 조항 활용 등의 실전 대응에 집중해야 하는 시점이다. EU가 2026년 말까지 추가 법 개정을 추진함에 따라, 한국 정부는 국내 탄소 가격 지불액이 최대한 인정받을 수 있도록 하위 규정 제정 과정에 적극 개입할 필요가 있다.

제6장

2035년 한국의 온실가스 감축목표 쟁점 및 해결 방안

반복되는 '목표 미달'의 역사와 평행선 위의 목소리

2035 NDC, 대한민국 경제의 최후통첩

억눌린 에너지 가격과 전환의 병목 현상

대전환을 위한 담대한 제언

가격이 바뀌어야 미래가 바뀐다

 인사이드 스토리　미래 세대가 그린 2035년의 지도: 교실에서 만난 '현실적 기후 정의'

반복되는 '목표 미달'의 역사와
평행선 위의 목소리

1   지켜지지 않은 약속, 그리고 '양치기 소년'이 된 국가

대한민국 기후 정책의 역사는 역설적으로 '화려한 선언'과 '초라한 성적표'의 반복이었다. 2009년, '저탄소 녹색성장'을 국가 비전으로 선포하며 국제사회에 첫 국가온실가스감축목표(NDC)를 던졌을 때만 해도 우리는 기후 위기 대응의 선구자가 된 듯했다. 하지만 그로부터 15년이 지난 지금, 우리가 마주한 현실은 냉혹하다. 2020년 목표는 달성에 실패했고, 그 자리는 다시금 수정된 2030년 목표로 채워졌다.

NDC가 발표될 때마다 장밋빛 미래가 그려졌지만, 정작 에너지를 많이 쓰는 산업 현장과 이를 뒷받침해야 할 에너지 시스템은 과거의 관성에 머물러 있었다. 우리는 2009년 이후 단 한 번도 국가 감축 목표를 지킨 적이 없다. 목표 수치는 매번 상향되었지만, 이를 이행할 구체적인 로드맵과 사회적 합의는 뒷전이었기 때문이다. 반복된 실패는 국제사회에서 한국의 신뢰도를 떨어뜨릴 뿐만 아니라, 기업에도 정책의 예측 가능성을 앗아가는 중대한 결과를 초래했다.

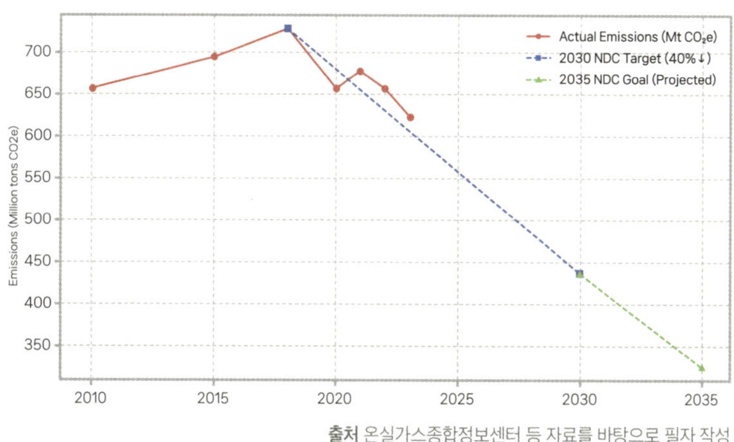

출처 온실가스종합정보센터 등 자료를 바탕으로 필자 작성

< 한국 온실가스감축목표의 연혁 >

구분	발표 연도	주요 감축 목표	달성 연도	비고
최초 수립	'09년	BAU 대비 30% 감축	'20년	이명박 정부 (녹색성장 선포)
1차 NDC	'15년	BAU 대비 37% 감축	'30년	박근혜 정부 (파리협정 제출)
수정 로드맵	'18년	BAU 대비 37% (국내 감축 확대)	'30년	문재인 정부 ('18년 기준연도)
상향 NDC	'21년	'18년 대비 40% 감축	'30년	문재인 정부 (목표 대폭 상향)
기본 계획	'23년	'18년 대비 40% 유지 (부문 조정)	'30년	윤석열 정부 (원전 비중 상향)
차기 NDC	'25년	2018년 대비 53~61% 감축	'35년	이재명 정부 (재생에너지 대폭 확대)

출처 각 연도별 관계부처 발표자료(국가온실가스감축목표 등)를 바탕으로 필자 정리

2035 NDC를 둘러싼 지금의 논의 지형은 흡사 거대한 '평행선의 전쟁'을 방불케 한다. 정부가 2018년 대비 53~61% 감축이라는 가이드라인을 제시하자마자, 우리 사회는 즉각적인 양극단으로 갈라졌다.

산업계는 이를 '제조업 사형선고'라 부르며 비명을 지른다. 철강, 석유화학 등 에너지 집약적 구조를 가진 한국 제조업의 특수성을 고려하지 않은 무리한 목표라고 주장한다. 반면, 환경단체와 미래 세대는 이를 '생존을 위한 최소한의 방어선'이라 부른다. 1.5도 경로를 지키기에는 턱없이 부족한 '기만적인 수치'라는 비판이다.

혹자는 이러한 갈등의 본질이 "기후 위기를 바라보는 서로 다른 시간 지평"에 있다고 분석한다. 기업은 당장 내년의 재무제표와 비용을 걱정하고, 시민사회는 10년, 20년 후의 거주 가능한 지구를 걱정한다. 문제는 이 두 목소리가 숫자의 높낮이만을 두고 싸우는 동안, 탄소중립을 위한 본질적인 논의는 실종되고 만다는 점이다. 숫자는 목표일 뿐 수단이 될 수 없음에도, 우리는 여전히 '몇 퍼센트인가'라는 숫자의 감옥에 갇혀 있다.

< 2035 NDC 부문별 온실가스 감축목표>

(단위: 백만톤CO$_2$eq, 괄호안 값은 '18년 대비 감축률)

| 구분 | 부문 | '18년 | '24년 | 2035 NDC | | | |
| | | | | △53% | | △61% | |
				배출량 ('18比 감축률)	감축량 ('24比)	배출량 ('18比 감축률)	감축량 ('24比)
순배출량		742.3	651.4	348.9	△302.5	289.5	△361.9
배출	전력	283.0	218.3	88.3 (△68.8%)	△130.0	70.0 (△75.3%)	△148.3
	산업	276.3	250.9	209.1 (△24.3%)	△41.8	190.6 (△31.0%)	△60.3
	건물	52.1	43.6	24.2 (△53.6%)	△19.4	22.8 (△56.2%)	△20.8
	수송	98.8	97.5	39.3 (△60.2%)	△58.2	36.8 (△62.8%)	△60.7
	냉매	23.1	35.0	27.4 (+18.6%)	△7.6	25.5 (+10.4%)	△9.5
	농축 수산	27.6	25.6	20.0 (△27.5%)	△5.6	19.5 (△29.3%)	△6.1
	폐기물	19.4	17.5	9.2 (△52.6%)	△8.3	9.0 (△53.6%)	△8.5
	탈루	3.7	3.2	2.6 (△29.7%)	△0.6	2.4 (△35.1%)	△0.8
	수소	0	0	8.1	+8.1	6.5	+6.5
흡수 및 제거	흡수원	-41.6	-40.2	-38.3	+1.9	-39.3	+0.9
	CCUS	0	0	-11.2	△11.2	-20.3	△20.3
	국제 감축	0	0	-29.8	△29.8	-34.0	△34.0

출처 기후에너지환경부

한국 NDC가 번번이 실패했던 또 다른 결정적 이유는 에너지 정책이 '국가 백년대계'가 아닌 '정치적 전유물'로 전락했기 때문이다. 지난 10여 년간 대한민국의 에너지 정책은 정권이 바뀔 때마다 극단적인 냉·온탕을 오갔다. 원전을 적폐로 몰아세우며 폐기를 선언했다가, 다음 정권에서는 다시금 원전을 기후 위기 대응의 유일한 구원투수로 치켜세운다.

그 사이에서 가장 큰 혼란을 겪는 것은 현장의 기업들이다. 원전과 재생에너지 사이의 소모적인 이분법적 논쟁은 정작 우리가 집중해야 할 '탄소 가격의 정상화'와 '전력망 확충'이라는 시급한 과제들을 가로막는 병목 현상이 되고 있다. 에너지 전환은 5년인 정권 임기를 넘어 최소 30년 이상의 일관된 정책 방향이 필요함에도 정권의 입맛에 따라 에너지 정책의 방점이 춤을 추는 동안, 한국의 탄소 배출량은 목표 경로를 한참 벗어나 표류해 왔다.

4   2035년, 왜 이번에는 달라야 하는가

그런데도 2035 NDC가 과거의 실패한 약속들과 궤를 달리해야 하는 이유는 명확하다. 이제는 '안 지켜도 그만'인 자발적 약속의 시대가 끝났기 때문이다. 유럽의 CBAM과 미국의 청정경쟁법은 이제 NDC를 국가 간의 '경제적 신용 등급'으로 치환하고 있다.

우리는 홍종호가 이야기하는 기후 경쟁력이 곧 국가 경쟁력인 시대에 진입하였다. 2035년의 목표는 단순한 환경적 수치를 넘어 한국 경제의 체질 개선을 증명하는 리트머스 시험지가 될 것이다. 과거처럼 목표만 세우고 실천을 미루는 방식은 이제 더 이상 통하지 않는다. 이제는 숫자의 나열을 멈추고, 그 숫자를 뒷받침할 '가격의 정의'와 '시스템의 혁신'을 이야기해야 할 때다.

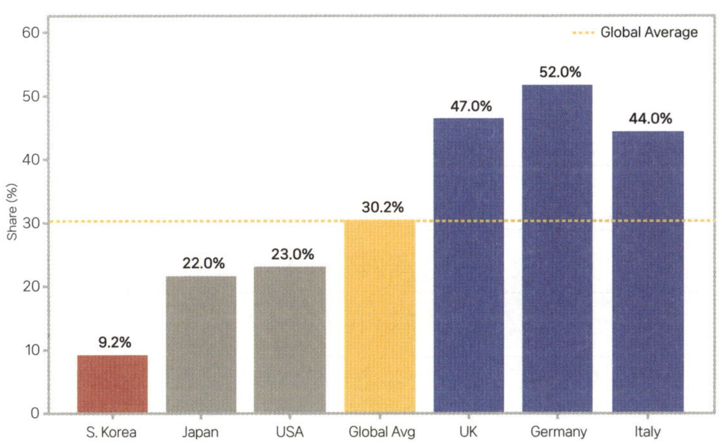

< Renewable Energy Share in Electricity Generation(2023) >

출처 Ember (2024), "Global Electricity Review 2024" 자료를 바탕으로 필자 재구성

2035 NDC, 대한민국 경제의 최후통첩

1 파리협정의 준엄한 명령: 후퇴는 없다

2015년 체결된 파리협정은 인류가 기후 위기라는 공동의 적을 맞이해 맺은 가장 강력한 연대 선언이다. 이 협정의 핵심은 '국가결정 기여(NDC)'라는 이름의 자발적 약속이지만, 그 안에는 결코 자발적이지 않은 냉혹한 원칙이 숨어 있다. 바로 파리협정 제4조에 명시된 '후퇴 금지의 원칙(Principle of Progression)'이다. 한 번 제출한 목표는 반드시 이전보다 진보적이고 상향된 수치여야 한다는 이 원칙은, 각국이 정치적·경제적 편의에 따라 목표를 낮추거나 회피하는 길을 원천적으로 봉쇄한다.

2035 NDC는 5년마다 갱신되는 국제사회와의 엄중한 계약이다. 우리가 설정한 '2018년 대비 53~61% 감축'이라는 숫자는 단순한 희망 사항이 아니라 국제사회에서 한국의 경제적 신용과 외교적 위상을 담보로 한 약속이다. 만약 우리가 이 숫자의 무게를 감당하지 못하고 뒷걸음질 친다면 한국은 기후 위기 대응의 낙오자를 넘어 국제 규범을 파괴하는 '빌런(Villain)'으로 낙인찍

힐 위험이 크다.

2   숫자가 가리키는 실존적 위협: 53%와 61% 사이의 진실

정부가 제시한 감축 목표의 하한선인 53%와 상한선인 61%는 우리 산업계에 어떤 의미일까? 현재 우리의 감축 속도를 고려할 때, 2035년까지 매년 줄여야 하는 온실가스의 양은 과거 우리가 경험했던 그 어떤 감축 경로보다 가파르다.

이번 2035 NDC는 탄소 배출 비중이 높은 철강, 시멘트, 석유화학 등 이른바 '고탄소 3대 업종'에 직접적인 경제적 압박과 공정 전환의 과제를 던지고 있다. 문제는 기술 상용화의 시점이다. 2035년이라는 시간표는 혁신 기술이 시장에 안착하기에는 너무나 짧고, 기후 위기의 시계는 너무나 빠르다. 이 시간적 간극(Golden Time)을 어떻게 메우느냐가 2035 NDC의 실질적인 성패를 가를 것이다. 정부의 발표 내용과 산업계의 분석을 토대로 업종별 구체적인 영향과 우려 사항을 정리하면 다음과 같다.

철강 산업은 우리나라 산업 부문 배출량의 큰 비중을 차지하고 있어 가장 가혹한 시험대에 올라와 있다. 제4기 배출권 할당 계획에 따라 발전 부문 유상 할당이 50%까지 상향되면 전력 사용량이 많은 전기로 제강사들을 중심으로 전기료 인상에 따른 원가 상승 압박이 거세질 전망이다.

정부는 2035년 상한 목표(61%) 달성을 위해 수소 환원 제철 등 혁신 기술 도입을 전제하고 있으나 업계는 해당 기술의 본격 상용화 시점을 2037년 이후로 보고 있다. 2035년 목표를 맞추기 위해 과도한 배출권 구매 비용이 발생할 경우 R&D 투자 재원이 고갈되는 악순환을 우려한다.

국내 NDC 강화는 기업들이 EU CBAM 등 국제 탄소 관세 장벽을 넘기 위한 체질 개선을 강제하지만, 단기적으로는 제품 가격 경쟁력을 약화해 세계 시장 점유율 하락을 초래할 위험이 있다.

2-2   시멘트 산업: 원료 전환의 한계와 CCUS 인프라 의존

시멘트는 공정 특성상 연료를 바꿔도 원료인 석회석 분해 과정에서 탄소가 발생하는 구조적 한계를 지니고 있다. 정부는 독일 수준(65~70%)으로의 폐플라스틱 연료 대체율 상향을 요구하고 있는데 이는 폐기물 수급 불안정 및 설비 개조를 위한 대규모 자본 지출(CAPEX)이 필요하다.

시멘트 산업 배출량의 60% 이상을 차지하는 공정 배출을 잡기 위해서는 CCUS 기술이 필수적이다. 하지만 포집된 탄소를 저장할 국가적 저장소 확보와 수송 인프라가 미비한 상태에서 NDC 목표만 높아지는 것에 대해 산업계는 큰 부담을 느끼고 있다. 아울러 환경규제 강화에 따라 향후 시멘트 업종이 무상 할당 대상에서 제외되거나 BM(벤치마크) 할당 기준이 강화될 경우 수천억 원대의 추가 비용 발생을 우려하고 있다.

2-3   석유화학 산업: 연료 전환 및 고부가 제품으로의 강제 재편

석유화학 업종은 원료 자체가 화석연료(나프타)라는 근본적인 문제에 직면해 있다. 기존 가열로를 전기 가열로로 전환하는 공정 혁신은 막대한 전력 수요를 발생시키는데 정부의 '그린 전력' 공급 속도가 NDC 감축 속도를 따라오지 못할 경우 생산 차질이 발생할 수 있다.

정부는 순환 경제 구축을 위해 열분해유 등 재활용 원료 사용 비중 확대를 요구하고 있으나 아직 시장 규모가 작고 원료 수거 체계가 불안정하여 기업들이 안정적으로 공정을 운영하기에 리스크가 크다. 또한 수익성이 낮은 범용 제품 생산 기업들은 배출권 구매 비용과 설비 전환 비용을 감당하지 못해 고부가 제품군으로의 강제적인 구조조정 압력을 받게 될 것을 걱정하고 있다.

< 주요 산업별 직면 과제 비교 >

산업군	핵심 위기 요인	정부 요구 사항	업계의 현실적 고충
철강	배출권 유상 할당 비용 증가	수소 환원 제철 조기 도입	기술 상용화 시점 불일치 (2037년 이후 가능)
시멘트	공정 배출 (석회석 분해)	연료 대체율 70% 달성	국가적 CCUS 저장소 및 수송망 부재
화학	원료(나프타)의 탄소 집약도	공정 전기화 및 재활용 확대	그린 전력 공급 불안정 및 원료 수거 체계 미비

출처 대한상공회의소 등 관계 기관 발표 자료를 바탕으로 필자 정리

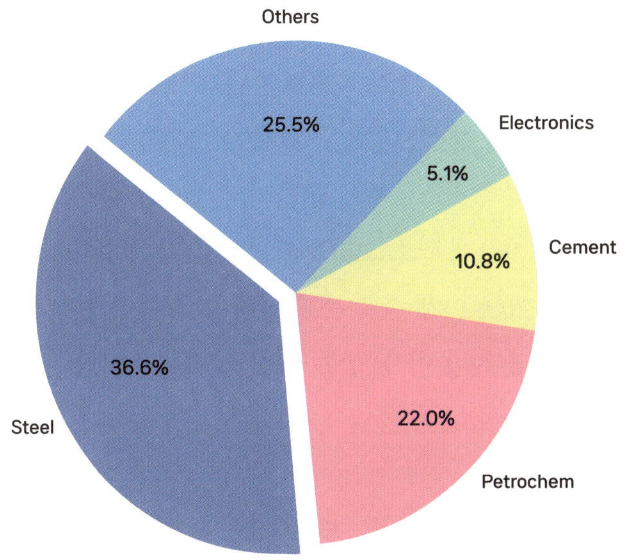

출처 온실가스종합정보센터, 「국가 온실가스 인벤토리 보고서」 자료를 바탕으로 필자 재구성

3   글로벌 무역의 새로운 문법: 관세가 된 탄소

이제 NDC 이행 여부는 단순히 '착한 국가'가 되느냐의 문제가 아니다. EU의 탄소국경조정제도(CBAM)와 미국의 청정 경쟁법(CCA)은 탄소를 매개로 무역의 판을 다시 짜고 있다. 홍종호가 경고하듯이 "탄소 규제는 이제 국경을 넘어 우리 기업의 재무제표에 직접 타격을 주는 실질적인 관세"가 되었다.

우리의 감축 목표가 글로벌 스탠다드에 미치지 못하거나, 국내에서 충분한 탄소 비용을 지불하지 않는다면, 그 차액은 고스란히 유럽과 미국의 국고로 환수될 것이다. 2035 NDC는 대한민국 제조업 중심의 경제 지형을 근본적으로 재편해야 한다는 최후통첩이다. 우리가 스스로 탄소를 줄이지 않으면, 글로벌 시장이 강제로 우리 제품에 탄소 꼬리표를 붙여 가격 경쟁력을 앗아갈 것이기 때문이다. 이제 감축 목표 이행은 '도덕적 선택'이 아니라 기업의 '수출 전략'이자 '생존 전략' 그 자체가 되었다.

4   국제적 신뢰라는 보이지 않는 자본

국제 정치학자들은 기후 위기 대응을 '글로벌 거버넌스의 시험대'라고 부른다. 한국은 지난 수십 년간 수출 주도형 성장을 통해 선진국 대열에 합류했다. 그 과정에서 얻은 가장 큰 자산 중 하나는 '신뢰할 수 있는 파트너'라는 이미지다. 만약 한국이 자국의 산업 보호만을 이유로 2035 NDC 이행을 게을리한다면, 이는 단순히 환경 문제를 넘어 국가 브랜드 자체의 하락을 가져올 것이다.

2035년이라는 시간은 우리에게 남은 마지막 기회다. 글로벌

투자자들은 이미 탄소 배출이 많은 기업과 국가에서 자금을 회수
하기 시작했다. 2035 NDC는 우리가 이 거대한 자본의 흐름 속에
서 번영의 대륙에 남을 것인지, 아니면 과거의 낡은 유산과 함께
침몰할 것인지를 결정하는 실존적 이정표다. 우리는 이제 숫자의
공포를 넘어, 그 숫자가 요구하는 담대한 전환의 길로 들어서야
만 한다.

억눌린 에너지 가격과 전환의 병목 현상

1 　 '에너지 민주주의'와 경직된 중앙 집중형 시스템

미국의 미래학자이자 경제학자인 제러미 리프킨(Jeremy Rifkin)은 그의 저서 《글로벌 그린 뉴딜》에서 "3차 산업혁명의 핵심은 수천만 명의 사람들이 자신의 집과 사무실에서 직접 재생에너지를 생산하고, 이를 에너지 인터넷을 통해 공유하는 '에너지 민주주의'의 실현에 있다"라고 역설했다. 하지만 대한민국의 현실은 이 거대한 담론 앞에서 멈춰 서 있다.

우리는 여전히 거대 발전소에서 전기를 만들어 장거리 송전망을 통해 수도권으로 보내는 '중앙 집중형 전력 시스템'에 갇혀 있다. 한국의 문제는 단순히 선로가 부족한 문제가 아니라, 시대의 변화를 따라가지 못하는 낡은 시스템의 한계이다. 서해안과 호남의 태양광 전기가 갈 곳을 잃고 발전을 중단하는 '출력 제어' 현상은, 우리가 새로운 에너지 시대로 나아가는 혈맥이 얼마나 심하게 굳어 있는지를 보여주는 서글픈 단면이다.

대한민국의 NDC 달성을 가로막는 가장 큰 보이지 않는 벽은 역설적으로 우리가 당연하게 누려온 '저렴한 전기료'이다. 최근 일부 전기료 인상을 하였지만 여전히 원가를 반영하지 못하는 왜곡된 요금 체계는 에너지 효율 혁신을 가로막는 가장 큰 걸림돌이다.

에너지 경제 전문가인 조용성은 "전기 요금이 에너지의 희소성과 탄소 배출의 비용을 제대로 반영하지 못할 때 시장은 잘못된 신호를 받게 된다."라고 경고한다. 전기가 싸다는 착각은 기업들이 굳이 막대한 자금을 들여 에너지 효율 설비에 투자할 유인을 없앤다. 독일이나 덴마크와 같은 기후 선진국들이 높은 전기료를 감수하면서도 에너지 전환에 성공한 이유는 '에너지는 비싼 재화'라는 인식이 사회 전반에 깔려 있었기 때문이다. 우리에게 저렴한 전기료는 당장의 산업 경쟁력에는 도움이 될지 모르나 탈탄소라는 거대한 파고 앞에서는 체질 개선을 방해하는 '달콤한 독'으로 작용하고 있다.

3   RE100과 CF100: 글로벌 표준의 고차 방정식

현재 에너지 정책의 가장 큰 쟁점은 RE100과 CF100의 대립이다. 현재 전 세계 시가총액의 상당 부분을 차지하는 기업들이 가입한 RE100(Renewable Energy 100%)은 재생에너지만을 인정한다. 반면 보수주의자들은(?) 원자력과 수소를 포함하는 CF100(Carbon Free 100%)을 대안으로 제시하며 국제적인 확산을 꾀하고 있다.

그러나 이를 이분법적 선택의 문제로 보는 시각에서 벗어나야 한다. 2035 NDC 이행을 위해서는 두 개념의 '보완적 정렬'이 필수적이다. 재생에너지는 글로벌 공급망 규제 대응을 위해 지속적으로 확충되어야 하지만, 한국의 지리적 여건상 발생하는 변동성 문제는 ESS(에너지저장장치) 등 유연성 자원에 대한 투자로 해결해야 한다. 동시에 원자력은 탄소 배출이 없는 안정적인 기저 부하(Base Load)로서 에너지 안보와 가격 안정성을 제공하는 전략적 자산이다.

결국 재생에너지가 부족한 부분을 원자력이 채워주는 '무탄소 에너지 최적화' 모델이 한국형 에너지 전환의 현실적 대안이다. 즉 RE100은 글로벌 시장의 요구(수요 측면)에 대응하는 수단으로,

CF100은 한국의 에너지 안보와 기저 부하(공급 측면)를 고려한 현실적 보완책으로 상호 '보완적 관계'가 될 수 있다.

4　2035년의 병목을 뚫기 위한 '가격의 정의'

이제는 전기의 가치를 다시 정의해야 한다. '탄소 가격의 내부화'에 기반한 '가격 정상화'를 통해 에너지를 쓰는 것이 곧 지구 환경에 빚을 지는 행위임을 가격으로 증명해야 한다.

병목 현상은 기술이 부족해서 생기는 것이 아니다. 낡은 요금 체계를 유지하려는 정치적 계산, 재생에너지 입지를 둘러싼 지역 간의 갈등, 그리고 에너지 믹스를 이념의 도구로 삼는 사회적 경직성이 진정한 병목이다. 2035년이라는 시간표는 우리에게 이 모든 병목을 단번에 뚫어낼 '담대한 합의'를 요구하고 있다. 전력망 확충 특별법을 통해 에너지 고속도로를 열고, 시장 원리에 기반한 전기 요금 체계를 확립하는 것만이 2035 NDC라는 거대한 목표를 향해 한국 경제를 다시 달리게 할 유일한 해법이다.

대전환을 위한 담대한 제언

1   탄소 가격의 정상화: '기후 클럽'으로의 초대

최근 개정된 배출권거래제 유상 할당 계획에서 제안한 것처럼 배출권 유상 할당 비율을 현재의 10% 수준에서 2030년까지 50% 이상으로 상향한 것은 탄소 가격 정상화를 위한 바람직한 방안이라고 생각한다. 이는 기업을 옥죄기 위함이 아니라 우리 기업들이 낸 탄소 비용이 유럽의 CBAM 인증서 구매로 유출되는 것을 막고 국내 저탄소 기술 투자 재원으로 환류시키기 위한 전략적 선택이다. 탄소가 '공짜'인 시대는 끝났다. 이제 탄소에 제대로 된 가격표를 붙이는 것이 우리 경제를 보호하는 가장 강력한 방어막이 될 것이다.

2   기술 혁신의 안전판: 탄소차액계약제도(CCfD)

국제통화기금(IMF)은 기후 대응 보고서를 통해 "정부의 역할은 단순히 규제를 만드는 것이 아니라, 시장의 리스크를 분담하여 민간 투자의 물꼬를 터주는 것”이라고 명시하고 있다. 특히 수소환원제철(HyREX)이나 CCUS와 같은 파괴적 혁신 기술은 초기 투자비가 막대하고 탄소 가격 변동에 따른 리스크가 크다.

독일의 ‘탄소차액계약제도(CCfD)’는 기업이 저탄소 기술에 투자했을 때 실제 탄소 가격이 목표 가격보다 낮아 발생할 수 있는 손실을 정부가 보전해 주는 제도이다. 저탄소 기술에 대한 최대 40% 내외의 파격적인 세액 공제와 CCfD가 결합한다면 우리 기업들은 매몰 비용의 공포 없이 담대한 투자에 뛰어들 수 있을 것이다. 기술 개발은 이제 비용이 아닌 국가의 전략적 자산으로 인식되어야 한다.

3 　정의로운 전환: 사회적 계약의 재구성

기후 위기 대응은 필연적으로 승자와 패자를 가른다. 석탄 화력 발전소 인근 지역이나 내연기관 부품사 노동자들에게 탄소중립은 당장의 생존권 위협이다. 노동 경제학자 가이 스탠딩(Guy Standing)은 “불안정한 노동 계층을 방치한 채 추진되는 거대 담론은 반드시 정치적 반동을 불러일으킨다”라고 경고한다.

탄소중립 정책으로 발생하는 피해 노동자를 구제하기 위한 '정의로운 전환'은 바로 이 지점에서 시작된다. 확보된 탄소세나 배출권 경매 수익은 단순히 국고로 귀속될 것이 아니라 전환 과정에서 소외되는 노동자들의 재교육과 전직 지원금으로 우선 투입되어야 한다. 지역 사회와 상생할 수 있는 '에너지 지도의 재설계'도 정의로운 전환을 앞당길 수 있다. 예를 들면 전남의 해상풍력이 광양의 그린 쇳물을 만들고 그 과정에서 생겨나는 새로운 일자리가 지역 경제의 뿌리가 되는 '지역별 에너지 동맹'이 그 구체적인 실천 모델이 될 것이다.

4 탄소세 도입과 세수 중립적 모델

우리 사회는 그동안 금기시해 온 탄소세 도입에 대한 진지한 합의를 시작해야 한다. 배출권거래제가 대형 사업장에 집중된다면 탄소세는 경제 전반에 저탄소 마중물을 붓는 도구가 될 수 있다.

그러나 탄소세는 반드시 '세수 중립적 모델'이 전제되어야 한다. 즉 탄소세라는 새로운 조세를 통해 세수를 증대하는 것이 아니라 탄소세로 거둬들인 재원만큼 소득세나 법인세를 감면해 주어 전체 세 부담은 유지하되, '탄소 배출 행위'에만 선택적으로 비용을 물리는 방식이다. 이는 환경 경제학자들이 주장하는 '이중 배당(Double Dividend)' 효과라는 혜택까지 창출할 수 있다. 탄소 배출 감소를 통해 환경을 보호하는 동시에 노동과 투자에 대한 부담을 덜어줌으로써 조세 체계의 효율성을 높여 경제 활력을 되찾을 수 있기 때문이다. 아울러 부처별로 분산된 기후 관련 기금과 예산을 통합 관리할 수 있도록 범정부 차원의 기후 경제 거버넌스 개편이 뒷받침되어야 한다.

2035 NDC는 이러한 영리한 가격 설계와 사회적 안전망이 결합할 때 비로소 '족쇄'가 아닌 우리 경제의 새로운 '날개'가 될 수 있다.

가격이 바뀌어야 미래가 바뀐다

2035년이라는 시간표는 구테흐스 UN 사무총장이 경고한 "기후 지옥으로 가는 위험한 고속도로"에서 내려올 수 있는 사실상 마지막 출구이다. 2018년 대비 53~61% 감축이라는 숫자는 우리가 미래 세대에게 건넬 수 있는 최소한의 양심이자 국제사회에서의 신뢰를 지키기 위한 약속이다. 2035 NDC를 족쇄가 아닌 새로운 성장의 날개로 바꾸기 위해서는 지금까지 우리가 고수해 온 '성장 우선주의'의 문법을 완전히 폐기하고 '탄소중립 경쟁력'이라는 새로운 언어를 익혀야 한다.

에너지 가격의 현실화와 탄소세 도입은 필연적으로 진통을 수반한다. 하지만 이 고통은 체질 개선을 위한 성장통이다. 저렴한 전기료라는 달콤한 마약에서 깨어나 탄소 배출이 곧 재무적 손실로 이어지는 명확한 시장 신호가 작동할 때 우리 기업들의 잠자던 혁신 본능은 깨어날 것이다.

기후 위기 대응은 단순히 기술적인 문제가 아니라 고도로 정치적이고 사회적인 문제이다. 전환의 과정에서 누군가는 일자리를 잃고, 누군가는 삶의 터전을 위협받는다. 스티글리츠가 강조하는 '정의로운 전환'은 이 고통을 사회 전체가 어떻게 영리하게 나누느냐에 달려 있다. 탄소세를 통해 확보된 탄소 재원을 노동자들의 재교육과 지역사회의 안전망으로 환류시키는 '세수 중립적 설계'는 우리가 도달해야 할 성숙한 사회적 계약의 모습이다.

2035 NDC가 우리 경제에 저탄소 경쟁력이라는 새로운 날개가 되기 위해서는 '숫자의 논쟁'을 멈추고, 실천적인 가격 메커니즘을 작동시켜야 한다. 가격을 바꾸면 행동이 바뀌고, 행동이 바뀌면 미래가 바뀐다. 2035년에 우리는 기후 재앙의 목격자가 아닌 녹색 대전환을 이뤄낸 주인공으로서 미래 세대를 맞이해야 한다. 그것이 바로 오늘을 사는 우리가 2035년의 대한민국에 건넬 수 있는 가장 정직하고도 담대한 약속이다.

미래 세대가 그린 2035년의 지도: 교실에서 만난 '현실적 기후 정의'

강단에서 학생들을 마주할 때마다 나는 일부러 '악역'을 자처하곤 한다. 기후 위기라는 엄중한 과제를 놓고 단순히 구호를 외치는 수준을 넘어 현실의 복잡한 이해관계를 직접 풀어보는 치열한 논리 싸움을 시키기 위해서이다. 2035 NDC를 주제로 내준 서면 토론 과제는 오랜 공직 생활을 한 나에게도 큰 충격이자 배움의 기회였다.

약 150명의 학생 중 90여 명이 참여한 이번 토론에서 내가 가장 놀랐던 점은 의견의 '다양성'과 '깊이'였다. '젊은 세대니까 당연히 NGO의 진보적인 감축안에 동의하겠지.'라는 나의 예견은 보기 좋게 빗나갔다. 학생들은 산업계의 생존권, 정부의 균형 잡힌 역할, 그리고 기존 논의를 뛰어넘는 독창적인 대안들을 팽팽하게 쏟아냈다.

[1] 산업계의 비명을 이해하는 청년들

이상화, 이준하 학생 같은 이들은 산업계의 처지를 대변하며 매우 현실적인 우려를 표했다. 이들은 "준비 없는 전환이 산업 기반을 흔들 수 있다"라는 점을 짚어내며 특히 제조업 비중이 높은 한국의 구조에서 기술적 대안이 상용화되지 않은 시점의 강제적 감축이 가져올 고용 불안과 경제 위기를 경고했다. 기후 정의가 단순히 환경을 지키는 것을 넘어 노동자의 일자리를 지키는 것까지 포함해야 한다는 성찰이 돋보였다.

[2] 과학의 경고를 정면으로 응시하는 용기

반면 이지민, 응웬 티 응아 학생 등은 NGO의 관점에서 헌법재판소의 결정과 IPCC의 과학적 권고를 근거로 "하한선 53%는 미래 세대에 대한 책임 회피"라고 일갈했다. 이들은 해외의 친환경 산업 보조금 정책을 예로 들며, 빠른 전환이 오히려 새로운 국가 경쟁력이 될 수 있다는 '공격적인 기후 경제학'을 펼쳤다.

[3] 감탄을 자아낸 독창적 해법들

특히 몇몇 학생의 제안은 당장 정책에 반영해도 손색이
없을 만큼 창의적이었다.

- **이도연 학생** '부문별 비대칭적 자원 배분'을 제안했다.
  전환이 어려운 제조업은 시간을 벌어주는 대신 속도
  를 낼 수 있는 발전 부문에서 더 급진적인 감축을 수행
  하자는 전략적 대안이었다.
- **고유건 학생** 정부안을 지지하면서도 '단계별 감축 로드
  맵'을 고안했다. '준비와 실험 – 실제 감축 – 불이행 제
  재'로 이어지는 단계적 접근은 정책의 예측 가능성을
  높이는 훌륭한 설계였다.
- **윤석현 학생** 해외 사례를 정밀하게 분석하며 '탄소 예산
  (Carbon Budget)'의 법적 근거 마련과 정부의 세밀한 지
  원책이 병행되어야 함을 역설했다.

[4] 강단을 내려오며

학생들의 토론을 지켜보며 나는 확신했다. 2035 NDC는 단순한 수치의 나열이 아니라 우리 사회가 어떤 미래를 선택할 것인가에 대한 '설계도'여야 한다는 점이다.

"결국 이건 환경과 경제의 충돌이 아니라 우리가 어떤 미래 경제 구조를 가질 것인가에 대한 선택의 문제인 것 같아요"라고 말하던 김석재, 손휘영 학생들의 결론처럼 미래 세대는 이미 회색의 과거를 넘어 녹색의 미래로 갈 준비를 마쳤을지도 모른다. 공직 인생의 끝자락에서 나는 이 학생들의 치열한 고민 속에서 대한민국 기후 정책의 희망을 보았다.

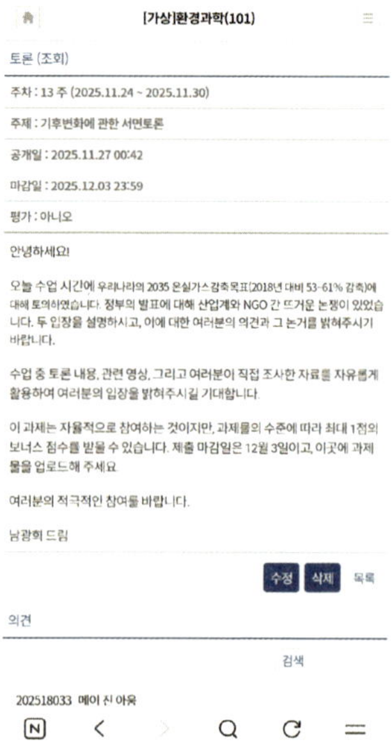

[가상]환경과학(101)

토론 (조회)

주차 : 13 주 (2025.11.24 ~ 2025.11.30)

주제 : 기후변화에 관한 서면토론

공개일 : 2025.11.27 00:42

마감일 : 2025.12.03 23:59

평가 : 아니오

안녕하세요!

오늘 수업 시간에 우리나라의 2035 온실가스 감축목표(2018년 대비 53~61% 감축)에 대해 토의하였습니다. 정부의 발표에 대해 산업계와 NGO 간 뜨거운 논쟁이 있었습니다. 두 입장을 설명하시고, 이에 대한 여러분의 의견과 그 논거를 밝혀주시기 바랍니다.

수업 중 토론 내용, 관련 영상, 그리고 여러분이 직접 조사한 자료를 자유롭게 활용하여 여러분의 입장을 밝혀주시길 기대합니다.

이 과제는 자율적으로 참여하는 것이지만, 과제물의 수준에 따라 최대 1점의 보너스 점수를 받을 수 있습니다. 제출 마감일은 12월 3일이고, 이곳에 과제물을 업로드해 주세요.

여러분의 적극적인 참여를 바랍니다.

남광희 드림

수정 삭제 목록

의견

검색

202518033 메이 신 아유

[N] < > Q C ≡

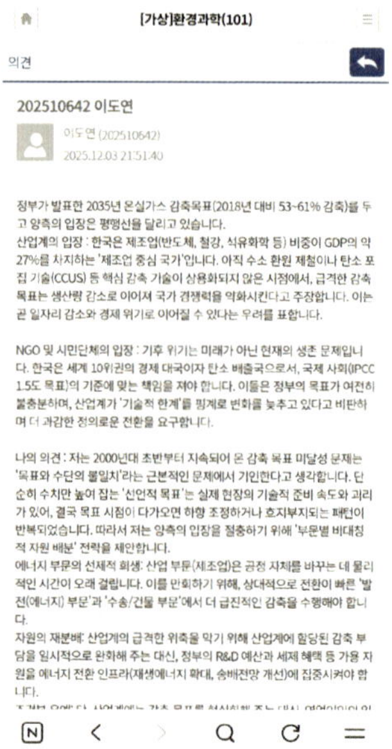

[가상]환경과학(101)

의견

202510642 이도연

이도연 (202510642)
2025.12.03 21:51:40

정부가 발표한 2035년 온실가스 감축목표(2018년 대비 53~61% 감축)를 두고 양측의 입장은 평행선을 달리고 있습니다.
산업계의 입장 : 한국은 제조업(반도체, 철강, 석유화학 등) 비중이 GDP의 약 27%를 차지하는 '제조업 중심 국가'입니다. 아직 수소 환원 제철이나 탄소 포집 기술(CCUS) 등 핵심 감축 기술이 상용화되지 않은 시점에서, 급격한 감축 목표는 생산량 감소로 이어져 국가 경쟁력을 약화시킨다고 주장합니다. 이는 곧 일자리 감소와 경제 위기로 이어질 수 있다는 우려를 표합니다.

NGO 및 시민단체의 입장 : 기후 위기는 미래가 아닌 현재의 생존 문제입니다. 한국은 세계 10위권의 경제 대국이자 탄소 배출국으로서, 국제 사회(IPCC 1.5도 목표)의 기준에 맞는 책임을 져야 합니다. 이들은 정부의 목표가 여전히 불충분하며, 산업계가 '기술적 한계'를 핑계로 변화를 늦추고 있다고 비판하며 더 과감한 정의로운 전환을 요구합니다.

나의 의견 : 저는 2000년대 초반부터 지속되어 온 감축 목표 미달성 문제는 '목표와 수단의 불일치'라는 근본적인 문제에서 기인한다고 생각합니다. 단순히 수치만 높여 잡는 '선언적 목표'는 실제 현장의 기술적 준비 속도와 괴리가 있어, 결국 목표 시점이 다가오면 하향 조정하거나 흐지부지되는 패턴이 반복되었습니다. 따라서 저는 양측의 입장을 절충하기 위해 '부문별 비대칭적 자원 배분' 전략을 제안합니다.
에너지 부문의 선제적 희생: 산업 부문(제조업)은 공정 자체를 바꾸는 데 물리적인 시간이 오래 걸립니다. 이를 만회하기 위해, 상대적으로 전환이 빠른 '발전(에너지) 부문'과 '수송/건물 부문'에서 더 급진적인 감축을 수행해야 합니다.
자원의 재분배: 산업계의 급격한 위축을 막기 위해 산업계에 할당된 감축 부담을 일시적으로 완화해 주는 대신, 정부의 R&D 예산과 세제 혜택 등 가용 자원을 에너지 전환 인프라(재생에너지 확대, 송배전망 개선)에 집중시켜야 합니다.

[N] < > Q C ≡

고유건(202511997) 학생의 서면 토론 글

① 산업계 입장

산업계는 온실가스 감축의 필요성 자체에는 동의하지만, 현재 추진 속도와 규제 방식은 산업 현장의 여건을 충분히 고려하지 못하고 있다고 비판한다.

첫째, 경제적 부담 증가 문제다. 탄소배출권 가격 상승과 함께 친환경 설비 교체, 생산 공정 전환에는 수천억 단위의 투자가 요구된다. 철강, 석유화학, 시멘트와 같은 에너지 다소비 산업은 단기간에 전환 비용을 회수하기 어려워 국제 가격 경쟁력이 급격히 하락할 수 있다. 이는 개별 기업의 손실을 넘어 지역 경제 침체와 대규모 고용 불안으로 연결될 위험이 있다.

둘째, 기술 성숙도와 시간 부족이다. CCUS, 수소 생산, 재생에너지 기반 전기로 공정 등은 아직 대규모 상용화 단계까지 완성되지 못했다. 현실적으로 이를 무시한 단기 강제 감축은 공장 가동 중단이나 해외 이전을 유도하며, 배출량이 국외로 이동되는 탄소 유출 현상을 초래할 가능성이 크다.

셋째, 단계적 전환의 필요성이다. 산업계는 감축 목표보다 중요한 것은 실제 이행 가능한 전환 로드맵이라 주장한다. 이를 위해 세제 감면, 설비 교체 보조금, 장기 저리 금융지원, 기술 실증 규제 특례 등 구체적인 정책이 병행된 상태에서 점진적 감축을 요구하고 있다.

② NGO 입장

NGO는 현 상황을 "이미 비상 단계"로 규정한다. IPCC 보고서에 따라 2030년 이전 급격한 감축 없이는 지구 평균기온 상승을 1.5℃로 제한하기 어렵다고 판단하며, 현재 산업 부담을 이유로 감축을 미루는 것은 미래 사회에 더 큰 재앙과 비용을 전가하는 행위라고 비판한다.

또한 재생에너지, 전기차, 수소 산업은 향후 글로벌 핵심 시장이 될 것이며, 지금 소극적인 투자는 곧 미래 성장 동력 상실로 이어질 수 있다고 본다. 이 과정에서 산업 구조 전환은 일자리 감소가 아니라 새로운 산업 영역에서의 고용 재편과 확대로 이어질 가능성도 있다고 본다.

NGO는 무엇보다 사회 전체 비용의 관점을 강조한다. 기업이 지금 부담하는 감축 비용보다 기후 재난으로 인한 의료, 농업, 재난 복구 비용이 훨씬 크기 때문에 지금의 투자가 가장 경제적인 선택이라고 주장한다.

③ 나의 입장

나는 2035년 탄소 감축 목표는 후퇴 없이 유지되어야 한다는 점에 분명하게 동의한다. 기후 위기는 협상이 가능한 문제가 아니라 생존과 직결된 절대 조건이다. 그러나 감축 정책은 단순한 '규제 강화'에 그쳐서는 실패할 수밖에 없다고 생각한다. 실제로 성공하는 정책은 목표 강제, 전환 지원, 책임 분담이 동시에 설계되어야 한다. 이에 조별 토의에서 나온 다양한 의견들을 수합하여 다음과 같은 구체적 대안을 고안해 보았다.

③-1. 산업 전환 단계별 감축 의무제

산업별 기술 성숙도에 따라 감축 의무에 단계를 두어 차등 적용해야 한다. 1단계는 감축 시범 단계이다. 정부 보조를 통해 친환경 설비 구축을 의무화하고, 탄소 측정·공시를 전면 시행한다. 2단계는 실질 감축 단계이다. 1단계에서 나아가 산업별 감축 비율을 법제화하고, 초과 배출에 실질적 부담금을 부과하는 방식이다. 마지막으로 3단계는 목표 고정 단계이다. 이는 최종 단계로서 기술 미도입 기업에 조업 제한 등 강력한 규제를 적용하여 일정 수준의 통제를 이뤄낸다. 이를 통해 "준비와 실험 – 실제 감축 – 불이행 제재"의 명확한 절차가 만들어진다.

③-2. 국가-기업 공동 전환 펀드 조성

기업 단독 부담이 아닌 국가-기업 공동 출자 구조로 '탄소중립 전환 펀드'를 설립해야 한다.

- 펀드 사용처는 CCUS 실증 설비, 수소 환원 제철, 재생에너지 직결 전력망 구축에 한정
- 중소·중견기업에는 무이자 융자 및 설비 교체 비용 50% 지원

이는 감축이 대기업만 가능한 구조가 되지 않도록 산업 형평성을 확보하기 위함이다.

③-3. 고용 보호 연계형 감축 정책

에너지 다소비 산업 근로자를 대상으로 친환경 산업 직무 전환 교육 의무 제공, 전환 과정 임금 일부 국고 보전, 재취업 성공 시 기업 인센티브 지급 등을 한다. 이를 연계하여 "탄소 감축 = 일자리 불안" 공식 자체를 정책으로 차단해야 한다.

이번 토론에서 느낀 점은 기후 논쟁이 종종 '어느 쪽의 의견이 더 착한가'를 겨루는 도덕 경쟁으로 흐른다는 것이다. 그러나 현실에서 필요

한 것은 선악 구도가 아니라 "어떻게 실행할 것인가"라고 생각한다.

내게 기후 정책은 환경 캠페인이 아니라 국가 운영 전략이다. 모두에게 고통을 요구하는 정책은 지속될 수 없고, 기업을 적으로 규정하는 정책은 결국 실패한다. 그래서 나는 감축 목표의 강제성은 분명히 필요하지만, 그 강제는 단순히 "줄여라."라고 하는 명령이 아니라 기업이 줄일 수 있도록 설계하고 지원하며, 안 하면 반드시 책임을 지게 만드는 체계적이고 책임 있는 정책이어야 한다고 생각한다.

기후 위기는 단순한 도덕 딜레마가 아니라 실행 능력이 있어야 하는 난제이다. 누가 더 착한 말을 하느냐가 아니라, 누가 실제로 배출량을 줄이는 시스템을 만들 수 있느냐가 문제의 진짜 답이라고 생각한다.

**온실가스배출권거래제:
탄소중립의 해법인가, 면죄부인가**

EU 탄소국경조정제도와
2035 NDC의 솔루션을 담은
대한민국 기후 리포트

제7장

동북아 탄소시장 통합을 위한 로드맵과 전략적 과제

왜 '동북아 탄소 공동체'인가?

왜 '규모의 경제'가 정답인가?

동작하지 않는 톱니바퀴

길을 잃지 않는 설계도

기후를 넘어 평화로, 한국이 주도하는 '동북아 탄소 공동체'

정책 소회 한반도 탄소 공동체를 향한 꿈

왜 '동북아 탄소 공동체'인가?

1 끓는 지구와 동북아의 뒤늦은 각성

구테흐스 UN 사무총장의 '지구 비등' 경고에서 보듯이 전 세계적인 기후 재난은 더 이상 먼 미래의 시나리오가 아니다. 이러한 위기 속에서 한국, 중국, 일본은 전 세계 온실가스 배출량의 약 3분의 1을 차지하는 '거대한 배출원'이자 역설적으로 가장 강력한 솔루션을 제공할 수 있는 '기술과 자본의 집합소'이기도 하다.

그러나 그동안 동북아 3국의 기후 대응은 각자도생에 가까웠다. 서구권이 EU-ETS를 중심으로 탄소 국경을 높이며 경제 블록화에 나설 때, 우리는 여전히 각국의 산업 경쟁력 보호라는 성벽 뒤에 숨어 서로의 눈치만 보아온 것이 사실이다.

< 한·중·일 배출량 및 경제 규모 비교 >

구분	한·중·일 합계	전 세계 대비 비중
온실가스 배출량	약 18.2 GtCO2e	약 32%
경제 규모(GDP)	약 25조 달러	약 24%

출처 온실가스종합정보센터(GIR) 및 World Bank 자료를 바탕으로 필자 재구성

2   왜 지금 통합인가?

한국의 상황은 절박하다. 철강, 석유화학 등 에너지 다소비 업종이 국가 경제의 기둥인 한국에서, 국내 자원만으로 탄소중립을 달성하는 데 따르는 한계 비용은 천문학적이다. 이미 국내 배출권 가격은 수급 불균형으로 인해 널을 뛰고 있으며, 이는 기업들의 장기 투자를 가로막는 불확실성이 되고 있다.

반면 중국은 2021년 세계 최대 규모의 전국 단위 ETS를 출범시키며 탄소시장의 '게임 체인저'로 부상했다. 아직은 발전 부문에 국한되어 있으나, 그 확장 속도는 무섭다. 일본 역시 'GX(Green Transformation)' 전략을 통해 국가 단위의 배출권 거래제 도입을 서두르고 있다.

3국의 시장이 각기 다른 규칙으로 파편화된다면, 동북아 기업들은 삼중의 규제 비용을 지불해야 한다. 그러나 이 시장들을 하나로 묶는다면, EU-ETS에 맞먹는 거대 유동성 시장이 탄생하며 탄소 가격의 안정과 기술 혁신을 유도하는 '규모의 경제'를 달성할 수 있다.

항목	한국(K-ETS)	중국(C-ETS)	일본(GX-ETS)
목표 방식	절대량 제한	배출 집약도 기반	자발적 참여 기반
할당 방식	유상 할당 확대 중	무상 할당 위주	단계적 유상 도입
시장 상황	성숙기 진입	발전 부문 우선 시행	시범 운영 및 확대

출처 ICAP, "Emissions Trading Worldwide: Status Report" 등 자료를 토대로 필자 정리

3   한·중·일 기후변화 장관회의

우리에겐 이미 훌륭한 협력의 틀이 존재한다. 바로 1999년부터 시작된 '한·중·일 환경장관회의(TEMM)'다. 지난 20여 년간 이 회의체는 미세먼지, 황사 등 지역 내 환경 현안을 논의하는 핵심 창구 기능을 해왔다. 하지만 정작 가장 시급한 기후변화와 탄소시장 통합 논의에서는 그 존재감을 드러내지 못했다. 탄소 배출권거래제 연계에 관한 실무적 차원의 논의는 가끔 있었지만 국가의 정책 우선순위에서는 밀려나 있었다.

한·중·일 3국은 전 세계 온실가스 배출량의 3분의 1 이상을 차지하는 지역적 특성을 고려하여, 탄소중립 달성과 동북아시아 내 탄소시장 활성화를 위해 배출권거래제 및 탄소 가격제 관련 협력을 지속하고 있다.

이러한 협력은 3개의 협의체가 주도하고 있다. 먼저 한·중·일 탄소 가격제 포럼(Korea-China-Japan Carbon Pricing Forum)은 2016년 중국의 제안으로 시작되어, 3국이 교대로 주관하여 매년 개최되며 각국의 배출권거래제 운용 현황, 정책 문제점 및 해결 방안을 공유한다. 특히 일본이 2026년부터 탄소배출권거래제(GX)의 의무화를 추진함에 따라, 한국의 탄소배출권거래제 경험과 검·인증 기법 등을 공유하는 협력이 이루어지는 한편 중국의 전국 단위 탄소시장(ETS) 확대와 관련해 한국 및 일본과의 정보 공유가 활발하게 이루어지고 있다.

둘째, 한·중·일 환경장관회의(TEMM)은 지난 20여 년간 미세먼지, 황사 등 지역 내 환경 현안을 논의하는 핵심 창구 기능에서 더 나아가 탄소중립 및 탄소시장 협력을 논의하고 있다. 2025년 9월 열린 제26차 3국 환경장관회의(TEMM26)에서 올해부터 기후변화 정책 대화를 정례화하고 탄소시장 및 탄소 표지 협력을 강화하기로 합의했다.

끝으로 한·중 기후변화 협력 공동위원회는 한국과 중국 간의 양자 협의체로 배출권 거래제 등 국내 기후 정책을 소개하고 협력을 강화하고 있다.

이제 필요한 것은 3국 간 또는 양자 간 진행되어 온 정책 대화에서 한 걸음 더 나아가 기존 TEMM의 외연을 확장하거나, 이를 격상시킨 '한·중·일 기후–경제 고위급 전략 대화'를 통해 동북아 탄소시장 통합을 위한 강력한 정치적 합의가 선행되어야 한다.

4   탄소 장벽을 넘어 경제 공동체로

동북아 탄소시장 통합은 단순한 환경 정책이 아니다. 그것은 유럽 연합(EU)이 석탄철강공동체(ECSC)에서 시작해 오늘의 경제 통합을 이루었듯 우리도 '탄소'라는 매개체를 통해 동북아 경제 공동체로 나아가는 마중물이 될 수 있다. 탄소에 가격을 매기는 기준을 통일하는 것은 결국 산업 경쟁력의 기준을 통일하는 것이며, 이는 3국 간 불필요한 무역 마찰을 줄이고 공동의 번영을 꾀하는 길이다. 이제 동북아는 '배출의 중심지'라는 오명을 벗고, '탄소 금융과 기술의 중심지'로 거듭나야 한다.

이 글은 바로 그 거대한 여정의 설계도에 관한 것이다. 통합의 당위성을 넘어, 우리가 직면한 기술적 난제들을 어떻게 돌파할 것인지, 그리고 그 과정에서 한국이 어떤 리더십을 발휘해야 하는지에 대한 실천적 고민을 담았다.

왜 '규모의 경제'가 정답인가?

1   국경 없는 탄소 가격

배출권거래제 연계란 서로 독립적으로 운영되던 둘 이상의 탄소시장을 연결하여 한 시장의 배출권을 다른 시장에서도 감축 의무 이행에 사용할 수 있도록 허용하는 것을 의미한다. 이는 단순한 제도적 결합을 넘어 각기 다른 경제권의 '탄소 가격'을 하나로 동기화하는 과정이다.

배출권거래제 연계는 배출권의 거래 방식과 형태에 따라 완전 연계, 일방향 연계, 부분 연계 등으로 나눠진다. 캘리포니아와 퀘벡 간 연계와 같이 양국의 할당배출권과 상쇄배출권을 모두 인정하는 형태를 완전 연계라고 하고, EU와 노르웨이의 연계와 같이 한 방향으로만 배출권 거래가 이루어지는 형태를 일방향 연계라한다. 한편 CDM 사업을 통해 획득한 감축크레디트(CER: Certified Emission Reduction)를 상쇄배출권으로 활용하는 부분 연계가 있다.

이창수에 의하면 배출권거래제 연계는 여러 가지 장점(Pros)을 가져다준다. 먼저 탄소 감축 비용이 낮은 지역에서 우선적으로 감축이 일어나게 함으로써 사회 전체적인 온실가스 감축 비용을 최소화하여 비용 효율성을 극대화할 수 있다.

둘째, 시장 참여자가 늘어남에 따라 거래가 활발해지고, 소수 기업에 의한 가격 조작이나 수급 불균형에 따른 가격 변동성을 완화할 수 있어 시장 유동성과 안정성을 동시에 확보할 수 있다.

끝으로 인접 국가 간 탄소 가격이 평준화됨에 따라, 규제가 약한 국가로 공장을 옮기는 산업 이탈 현상을 억제함으로써 탄소 누출(Carbon Leakage)을 방지할 수 있다.

이와 같은 다양한 장점에도 불구하고 배출권거래제는 다음과 같은 단점 또는 리스크가 있다. 첫째, 시장이 연결되면 상대국의 경제 상황이나 정책 변화가 자국 시장에 즉각 전이된다. 즉, 상대국의 '느슨한 규제'가 자국의 '엄격한 기후 목표'를 훼손하여 자국의 정책 자율성을 약화시킬 수 있다.

둘째, MRV(측정·보고·검증) 체계와 할당 방식이 다를 경우 데이터의 신뢰성 문제가 발생하며, 이를 조정하는 데 막대한 행정적 비용이 소요된다.

< 연계의 유형 >

연계 형태	주요 특징	사례
완전 연계	양 시장의 할당/상쇄 배출권을 상호 모두 인정	캘리포니아 - 퀘벡
일방향 연계	한 방향으로만 배출권 거래 허용	EU - 노르웨이(초기)
부분 연계	특정 감축 크레디트(CER 등)만 상쇄권으로 활용	CDM 사업 활용 등

출처 이창수의 자료를 바탕으로 필자 재구성

2 　 '그린 보호주의'라는 거대한 파도와 동북아의 위기

유럽연합(EU)이 탄소국경조정제도(CBAM)를 도입하며 던진 메시지는 명확하다. 이제 '탄소 경쟁력이 곧 산업 경쟁력'이라는 것이다. 철강, 시멘트, 알루미늄 등 탄소 배출량이 많은 제품을 EU로 수출할 때, 생산 과정에서 발생한 탄소 배출량에 상응하는 '비용'을 지불해야 하는 이 제도는 동북아 제조업에 직격탄이다. 특히 한국과 중국처럼 제조업 비중이 높은 국가들에 CBAM은 새로운 형태의 무역 장벽이자 '그린 보호주의'의 실체로 다가온다.

우리가 개별 국가 차원에서 이 거대한 파도에 맞서기란 쉽지 않다. 그러나 한·중·일이 탄소시장을 통합하여 하나의 '탄소 블

록'을 형성한다면 이야기는 달라진다. 통합된 동북아 탄소시장
은 그 자체로 EU-ETS에 버금가는 전 세계 최대 규모의 시장이
된다. 시장의 덩치가 커지면 탄소 가격의 예측 가능성이 높아지
고, EU와의 협상에서 훨씬 강력한 레버리지를 가질 수 있다. 즉,
동북아 탄소시장의 통합은 CBAM이라는 외부 압력에 능동적으
로 대응하고, 우리 기업들이 이중 부담을 하지 않도록 보호하는
강력한 '전략적 방패'가 될 것이다.

3   시장 연계의 든든한 국제법적 닻

과거 교토의정서 체제하에서의 국제적 연계가 다분히 선언적
이었다면 2021년 글래스고 기후 합의를 통해 구체화된 파리협정
제6조는 동북아 탄소시장 연계에 실질적인 날개를 달아주었다.
파리협정 제6.2조는 국가 간 자발적인 협력을 통해 온실가스 감
축 성과를 사고팔 수 있도록 허용하는 '협력적 접근법(Cooperative
Approaches)'을 규정하고 있다.

여기서 핵심은 '국제적으로 이전된 완화 성과(ITMO, Internationally
Transferred Mitigation Outcomes)'이다. 즉, 한 국가가 다른 국가에서
달성한 감축 실적을 자국의 감축 목표 달성에 사용할 수 있게 공

식화한 것이다. 이는 동북아 탄소시장 연계가 지역적인 경제 협력을 넘어 UN 체제 안에서 각국의 감축 부담을 나눌 수 있는 제도적 발판이 됨을 의미한다.

이제 한국의 기술이 중국의 노후 설비를 개선하고 거기서 얻은 감축 실적을 한국의 배출권으로 인정받는 행위가 국제사회에서 공인된 메커니즘으로 자리 잡은 것이다. 이는 3국 간 탄소시장 연계가 단순한 지역적 친목 도모를 넘어 UN이 공인한 비용 효율적 감축 수단임을 의미한다. 파리협정 제6조라는 든든한 닻이 내려졌기에 우리는 이중 계산 방지와 같은 기술적 난제만 해결한다면 글로벌 표준에 부합하는 거대한 경제 공동체로 나아갈 수 있다.

4   비용 절감과 기술의 선순환

국제 연계의 경제적 효과는 여러 시뮬레이션을 통해 이미 증명되고 있다. 국제에너지기구(IEA, 2012)의 분석에 따르면, 전 세계 탄소시장을 완전히 통합할 경우 단일 국가가 독립적으로 감축을 이행할 때보다 전체적인 감축 비용이 30% 이상 절감될 것으로 예측된다.

이를 동북아 탄소시장에 적용하면 다음의 효과가 나타난다. 즉, 기술적 우위에 있는 한국과 일본의 자본·기술이 상대적으로 감축 잠재력이 큰 중국 시장으로 흘러 들어가, 동북아 전체의 배출량을 가장 효율적으로 줄이는 '파레토 최적'의 상태를 만들 수 있다. 탄소 가격이 3국 내에서 유사하게 형성되면, 규제가 약한 곳으로 생산 시설을 옮기는 '탄소 누출(Carbon Leakage)' 현상도 자연스럽게 억제된다. 결국 시장 통합은 환경적 가치와 경제적 실익을 동시에 잡는 '녹색 도약'의 발판이 될 것이다.

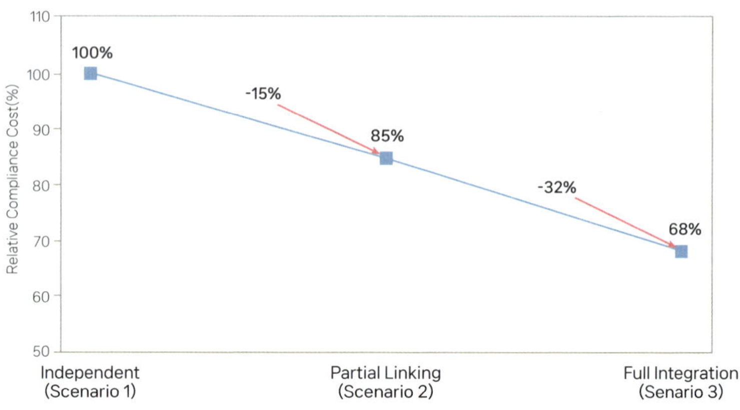

출처 IEA (2021), "Net Zero by 2050" 및 주요 기술 로드맵 자료를 바탕으로 필자 재구성

동작하지 않는 톱니바퀴

성공적인 탄소시장 연계를 위한 조건으로 이창수는 환경적 통합성, 자원배분의 효율성, 자원배분의 형평성, 제도적 유사성을 기본 이념으로 제시하는 한편 연계를 위한 구체적인 주요 요건으로 MRV 체계 구축, 총량 제한 배출권거래제, 엄격한 수준의 절대 목표, 상쇄의 질과 사용 제한, 상응하는 제재 시스템을 제안하고 있다. 이러한 제안에 기초하여 동북아 탄소시장의 특징을 고려한 다음과 같은 기술적 해법을 제시한다.

1　할당 방식의 충돌: '절대량'과 '집약도' 사이의 접점 찾기

한·중·일 탄소시장 통합을 가로막는 가장 큰 기술적 장벽은 아이러니하게도 각 제도의 '심장'이라 할 수 있는 할당 방식의 차이에 있다. 한국은 배출 총량을 엄격히 묶어두는 '절대량 제한(Absolute Cap)' 방식을 고수하는 반면, 중국은 경제 성장과 생산량을 고려한 '배출 집약도(Intensity)' 방식을 채택하고 있다. 이 두 톱니바퀴를 그대로 맞물리면 대형 사고가 난다. 중국의 생산량이 급증할 경우 시장에 배출권이 과잉 공급되어, 한국 기업들이 공들여 쌓아온 탄소 가격 체계가 한순간에 무너질 수 있기 때문이다.

이를 해결하기 위해 나는 단계적인 접근을 제안한다. 연계 초기에는 양방향 거래가 아닌 단방향 거래(예: 한국이 다른 나라의 고품질 상쇄권을 수입하는 형태)부터 시작하고 서서히 3국 내에서도 한국과 유사한 절대량 방식을 채택하고 있는 특정 부문(예: 발전 부문)부터 부분적으로 연결하는 전략을 수립해야 한다. 또한 서로 다른 두 제도를 처음부터 무조건 통합하기보다는 '하이브리드 동조화' 모델을 검토할 필요가 있다. 즉 초기에는 두 방식을 그대로 두되, 국가 간 거래 시에만 적용되는 '환산 계수(Exchange Rate)'를 도입하는 것도 제도 시행 초기의 리스크를 줄일 수 있다.

그러나 중국의 제도가 성숙함에 따라 절대량 방식으로 전환해야 통합 시장의 안정성을 담보할 수 있다. 동북아 3국의 제도를 조율하는 데 있어 가장 중요한 기준점은 'EU-ETS와의 미래 통합 가능성'이다. 한국이 2015년 ETS 도입 당시 EU의 사례를 철저히 벤치마킹했던 이유는 단순히 선진 제도를 모방하기 위함이 아니었다. 궁극적으로는 세계에서 가장 성숙한 시장인 EU-ETS와 연계하여 탄소 가격의 글로벌 스탠다드를 확보하겠다는 전략적 포석이었다.

이 맥락에서 볼 때, 중국의 '배출 집약도' 방식은 과도기적 모델로 이해해야 한다. 집약도 방식은 경제 성장을 저해하지 않는다는 장점이 있지만, 생산량이 늘어나면 절대 배출량도 함께 늘어날 수 있다는 치명적인 약점이 있다. 반면 EU가 선택하고 한국이 NDC 목표를 'BAU 대비'에서 전환하며 수용한 '절대량 제한(Absolute Cap)' 방식은 기후 위기의 시급성에 대응하는 가장 정직하고 강력한 수단이다.

이는 동북아 탄소 가격이 EU 시장에서 인정받기 위한 '입장권'과도 같다. 따라서 연계 초기에는 '하이브리드 동조화' 모델을 검토하되 궁극적으로 절대량 방식으로 전환하여 3국 전체의 배출 총량을 엄격하게 관리하는 방향으로 나아가야 한다.

2   보이지 않는 신뢰의 척도, MRV의 표준화

탄소 배출권은 눈에 보이지 않는 가상의 상품이다. 따라서 '측정(M), 보고(R), 검증(V)'이라는 데이터의 신뢰성이 무너지면 시장 자체가 신기루가 된다. 현재 3국의 MRV 수준은 제각각이다. 한국은 비교적 투명한 검증 체계를 갖추었으나, 중국은 지역별·업종별 데이터 편차가 크고, 일본은 민간 자율성이 강해 공적 규제와의 조화가 과제다.

우리는 여기서 '동북아 공동 검증 표준(Northeast Asia Common MRV Standard)'을 제안한다. 이는 어느 한 나라의 방식을 강요하는 것이 아니라, 3국이 공동으로 인증하는 검증 기관을 육성하고 데이터 산정 방식을 단일화하는 작업이다. 데이터가 투명해질 때 비로소 배출권은 국경을 넘어 자유롭게 흐를 수 있는 '신뢰 자산'이 된다.

3   간접배출과 가격 안정화 장치의 조율

또 다른 난관은 전력 사용에 따른 '간접배출' 처리 문제다. 한국과 중국은 전기를 쓰는 기업에도 책임을 묻지만, 일본과 EU는 전기를 만드는 곳에서만 규제한다. 이 차이를 방치하면 특정 기업은 이중 규제를 받거나, 반대로 규제의 사각지대에 놓이게 된다. 연계 시장에서는 간접배출 제외를 원칙으로 하되, 전환 과정에서 발생하는 산업계의 충격을 완화하기 위한 공동의 보상 기금을 운용하는 등의 실무적 융통성이 필요하다.

또한, 각국이 독자적으로 운영하는 가격 상·하한제(Price Ceiling

& Floor) 역시 '공동 시장 안정화 예비분(Joint Market Stability Reserve)' 체제로 통합 운영되어야 한다. 특정 국가에서 가격이 급등할 때 다른 국가의 예비분이 자동으로 공급되는 시스템을 갖춘다면, 동북아 탄소시장은 외부 투기 세력의 공격에도 흔들리지 않는 견고한 요새가 될 것이다.

4   기술은 정치를 기다린다

결국 기술적 불일치는 해결 불가능한 난제가 아니다. 문제는 '방법'이 아니라 '의지'다. 할당 방식의 차이나 MRV의 불투명성은 정교한 제도 설계와 디지털 기술(블록체인 등)을 통해 충분히 보완할 수 있다. 톱니바퀴가 맞지 않는다면 새로운 기어박스를 만들면 된다. 이제 필요한 것은, 이 복잡한 기술적 퍼즐을 맞추기 위해 실무진들이 밤샘 토론을 벌일 수 있도록 판을 깔아주는 고위급의 결단이다.

길을 잃지 않는 설계도

1 앞서간 자들의 발자국:
EU-스위스, 캘리포니아-퀘벡이 주는 교훈

우리는 이미 성공한 시장 연계 사례들을 통해 학습할 수 있다. EU와 스위스는 약 10년간의 끈질긴 협상 끝에 2020년 시장을 통합했다. 스위스는 EU 회원국이 아니었기에, 항공 부문 포함 여부와 IT 시스템 보안 등 세부 기술 규정에서 큰 이견을 보였다. 특히 스위스의 소규모 시장이 거대한 EU 시장에 흡수될 때 발생할 '정책 종속'에 대한 우려가 컸다. 길고 지난한 협상을 통해 양국은 제도의 '복제'가 아닌 '효과적 동등성'을 확인하는 데 집중했다. 양측은 배출권 등록부를 직접 연결하는 대신 데이터 교환 규약을 정교화하여 보안 문제를 해결했고, 2020년 전면 통합에 성공했다.

또한, 북미의 캘리포니아와 캐나다 퀘벡의 연계는 서로 다른 국가 간에도 공통의 할당 방식과 공동 경매 시스템을 갖춘다면 얼마나 강력한 유동성을 창출할 수 있는지를 보여주는 실증적 사례다. 미국 주 정부(캘리포니아)와 캐나다 주 정부(퀘벡)라는 서로 다른 국가의 지방 정부 간 연계였기에 법적 관할권 문제가 복잡했다. 또한 초기에는 통화 단위(USD vs CAD) 차이와 할당 방식의 미세한 차이로 인해 차익거래(Arbitrage) 위험이 제기되었다.

이러한 문제에 봉착한 두 정부는 '서부기후이니셔티브(WCI)'라는 공동 기구를 설립하여 공동 경매 시스템을 구축했다. 경매 시 통화 환율을 실시간 반영하는 알고리즘을 도입하고, 할당 규칙을 사전에 완전히 통일함으로써 시장 혼란을 차단했다. 이는 '한꺼번에 바꾸기보다 사전에 철저히 동질성을 확보'한 성공 사례로 꼽힌다.

이 사례들의 공통점은 '한꺼번에 모든 것을 바꾸려 하지 않았다'라는 점이다. 그들은 기술적 동질성을 확인하는 '사전 준비' 단계와 상쇄 배출권을 먼저 주고받는 '부분 연계' 단계를 거쳐 완전한 통합으로 나아갔다.

2 동북아 탄소시장 연계 3단계 로드맵

안영환과 정성춘이 제안한 통합방안을 토대로 동북아 탄소시장의 통합을 위한 3단계 전략을 제안한다. 1단계로 2027년까지 기존의 한·중·일 환경장관회의(TEMM)를 격상하여 탄소시장 전담 기구인 '동북아 탄소 협력 위원회'를 발족한다. 여기서 3국이 공동으로 수용할 수 있는 공동 MRV 가이드라인을 확정하고, 블록체인 기반의 배출권 등록부 연계를 통해 데이터 조작 가능성을 원천 차단하는 기술적 인프라를 구축한다.

두 번째 단계는 2030년까지 파리협정 제6.2조의 '협력적 접근법'을 활용하여, 국가 간 이전된 완화 성과(ITMO)를 상호 인정하는 단계다. 예를 들어, 한국 기업이 중국의 재생에너지 프로젝트에 투자하여 얻은 감축분을 한국 시장뿐만 아니라 중국 시장에서도 자유롭게 유통할 수 있게 허용하는 것이다. 이는 시장에 즉각적인 활력을 불어넣는 마중물이 될 것이다.

마지막 단계로 동북아 3국의 탄소 가격이 일정 범위 내에서 수렴하면, 마침내 국가 간 배출권의 자유로운 이동을 허용하는 전면 연계를 2031년 이후 단행한다. 이 단계에서 동북아 시장은 EU-ETS와 공식적인 연계 협상을 시작할 수 있는 체급을 갖추게 된다.

로드맵은 단순히 배출권을 사고파는 길을 만드는 과정이 아니다. 그것은 동북아시아가 '석탄 발전의 중심지'라는 오명을 벗고, 글로벌 기후 금융의 허브로 거듭나는 과정이다. 우리가 EU의 발자취를 따라가며 그들의 실수를 반복하지 않고 장점을 흡수한다면, 동북아 탄소시장은 전 세계 탄소중립을 견인하는 가장 강력한 엔진이 될 것이다.

기후를 넘어 평화로,
한국이 주도하는 '동북아 탄소 공동체'

1   경제 블록화를 넘어 기후 리더십의 시대로

우리가 지금까지 논의한 동북아 탄소시장 통합은 단순한 제도적 결합 그 이상의 의미를 지닌다. 그것은 에너지 다소비 제조업이라는 공통의 숙명을 가진 한·중·일 3국이, 탄소라는 새로운 무역 장벽 앞에서 각자도생의 길을 포기하고 '기후 경제 공동체'로 나아가겠다는 선언이다.

EU-ETS의 성공과 실패를 거울삼아 설계될 이 통합 시장은, 아시아가 더 이상 글로벌 환경 규제의 수혜자나 피해자가 아닌, 스스로 규범을 만드는 '룰 메이커(Rule Maker)'로 거듭나는 전환점이 될 것이다.

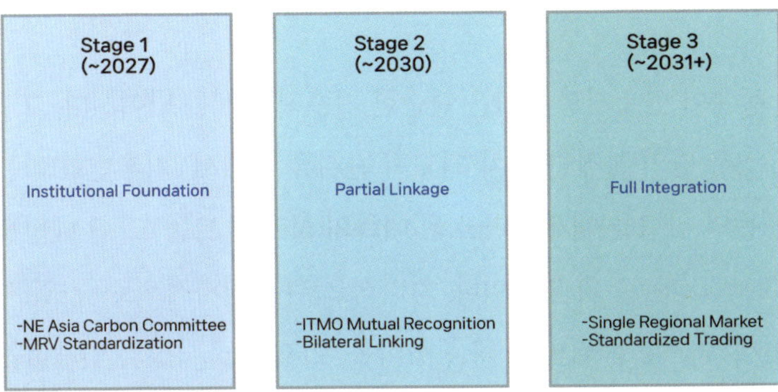

출처 Ewing, J(2016) 내용을 바탕으로 재구성

2 정책적 제언: 지금 당장 시작해야 할 것들

완전한 통합까지는 많은 난관이 예상되지만, 그 여정은 지금 당장 시작되어야 한다. 첫째, 정치적 수준의 합의다. 한·중·일 환경장관회의(TEMM)를 '기후-경제 장관급 회담'으로 격상하여 탄소시장 연계를 국가적 우선 과제로 설정해야 한다. 둘째, 제도의 글로벌 표준화다. 앞서 강조했듯, EU-ETS와의 호환성을 고려하여 '절대량 감축 방식'으로의 단계적 전환과 투명한 MRV 체계 구축에 박차를 가해야 한다. 셋째, 민간 참여의 확대다. 정부 주도의 논의를 넘어 기업들이 통합 시장의 효용을 먼저 체감할 수 있도록, 파리협정 제6.2조를 활용한 시범 프로젝트를 조속히 가동해야 한다.

3   한국, 동북아 탄소 질서의 설계자(Architect)

동북아 탄소시장 통합은 단순한 기술적 연계를 넘어선다. 그것은 3국 간의 복잡한 정치·외교적 난기류 속에서 '기후변화'라는 공동의 위협을 매개로 새로운 대화의 물꼬를 트는 '그린 데탕트(Green Détente)'의 과정이다. 지리적으로나, 역사적으로 중·일 사이에서 균형추 역할을 해온 한국은, 이제 탄소시장의 연계라는 실무적 어젠다를 통해 동북아 협력의 새로운 돌파구를 마련해야 한다.

최근 한국의 행정 체계 개편은 이러한 역할을 뒷받침하는 강력한 엔진이다. 기후에너지환경부로의 확대 개편은 우리 정부가 기후 위기를 국가 생존의 문제로 인식하고 있음을 대내외에 선포한 것이다. 이제 한국은 3국 환경장관회의에서 단순한 참여자를 넘어 통합 시장의 표준을 제안하고 갈등을 조정하는 주도적 브릿지 역할을 수행할 준비가 되었다. 특히 실용적 노선을 추구하는 현 정부의 기조는 이데올로기적 접근보다는 '국익'과 '비용 효율성'을 중시하므로, 탄소시장 통합이라는 거대 담론을 추진하기에 최적의 정치적 토양을 갖추고 있다고 본다.

4　　탄소중립, 함께 갈 때 더 멀리 갈 수 있다

한국의 ETS는 이제 막 걸음마를 떼고 성숙기로 접어들고 있다. 혼자서는 국내 제조업의 한계를 넘기 어렵지만, 동북아라는 거대 시장과 연결될 때 우리 기업들은 비로소 숨통을 틔우고 저탄소 기술 혁신에 전념할 수 있을 것이다.

과거 유럽의 석탄철강공동체가 전쟁의 폐허 위에서 평화와 번영의 유럽연합을 일구어냈듯 동북아 탄소 공동체는 기후 위기라는 전 지구적 재난 앞에서 3국이 협력하는 새로운 모델이 될 것이다. 탄소 국경을 허물고 하나로 연결된 시장에서 흐르는 것은 배출권만이 아니다. 그것은 지속 가능한 미래를 향한 공동의 의지이자 다음 세대에게 물려줄 녹색 자산이다. 동북아 탄소시장 통합은 우리가 기후 위기 시대를 돌파할 가장 강력하고 현실적인 대안이 될 수 있다.

여기서 한 걸음 더 나아가 탄소를 비용으로만 보던 시각에서 벗어나 탄소를 통해 평화와 번영을 설계하는 관점이 필요하다. 현재 동북아 정세에서 중·일 관계는 영토 분쟁과 역사적 갈등, 그리고 최근의 대만 해협 이슈 등으로 인해 직접적인 정책 공조를 기대하기 어려운 구조이다. 이러한 '안보 딜레마' 상황에서 한국은 양국 모두와 소통할 수 있는 유일한 통로이다. 탄소시장 통합은 경제적 이익뿐만 아니라 환경적 생존이 걸린 문제이기에 한국이 이를 의제로 선점하고 중·일 양측을 테이블로 끌어들이는 '기후 외교의 조정자(Facilitator)' 역할을 수행할 필요가 있다.

한국이 제안하는 동북아 탄소시장은 역내 경제의 효율성을 높이는 장치이자, 얼어붙은 3국 관계를 녹이는 따뜻한 해류가 될 것이다. 과거의 갈등에 발을 묶이기보다 미래의 기후 위기에 손을 맞잡는 실용적 지혜가 필요한 시점이다. 한국이 주도하는 이 거대한 흐름은 결국 EU-ETS를 넘어 글로벌 기후 질서를 재편하는 핵심 축이 될 것이며, 그 중심에서 한국은 '기후 리더십'의 진면목을 세계에 증명하게 될 것이다.

한반도 탄소 공동체를 향한 꿈

개인적으로 동북아 탄소시장을 논하며 아쉬운 점이 있다. 한·중·일 3국에만 매몰된 나머지 숙제이자 기회의 땅인 북한을 놓치고 있기 때문이다. 북한은 지금 극심한 전력난과 산림 황폐화라는 이중고를 겪고 있다.

북한의 산천에 태양광 패널을 올리고 나무를 심는 일은 온실가스를 줄이는 동시에 닫힌 대화의 문을 여는 열쇠가 될 것이다. 앞으로 기후변화의 남북 협력을 통해 남북한 탄소시장이 연계된다면 단순히 경제적 거래를 넘어 '기후 평화(Climate Peace)'를 일구는 마중물이 될 것이라 믿는다. 비록 지금은 핵실험에 따른 UN 등 국제사회의 대북 제재로 남북 협력이 어려운 상황이지만 앞으로 탄소는 남과 북을 잇는 새로운 환경 통로가 될 것이다. 통일은 정치적 선언이 아니라 이렇듯 서로의 환경과 에너지를 보듬는 작은 실천에서부터 시작되는 것 아닐까.

참
고
문
헌

― 가이 스탠딩, 2014,『프레카리아트: 새로운 위험한 계급(김선욱 역)』, 박종철출판사.

― 경향신문, 2024.11.19., ''기후악당 1위'에 한국…"화석연료에 계속 공적자금, 시대 역행"'. https://www.khan.co.kr/article/ 202411192022015

― 국립기상과학원, "기상기후 이야기", 2026. http://www.nims. go.kr/?sub_num=1046.

― 국가기후 위기대응위원회, "기후이해 노트", 2026. https://www. pcccr.go.kr/base/main/view

― 국회입법조사처, 2025,『기후 위기와 탄소중립 대응: 해외 주요국의 정책 분석 및 시사점』.

― 기후에너지환경부, 기상청, 2025, 한국 기후 위기 평가보고서 2025.

― 기후에너지환경부 보도자료, 2025, '35년까지 18년 대비 온실가스 53~61% 감축.

- 김성진,이현우, 이상헌, 이재영, 한승훈, DONG Zhanfeng, 정성운, 2021, "중국의 2060 탄소중립 추진전략 연구",『중국종합연구』 21-11, 대외경제정책연구원.

- 김은성, 2012,『기후변화재난 정책갈등연구: 온실가스 배출권거래제 갈등을 중심으로』, 한국행정연구원.

- 김은영, 장동식, 2022, "한국 배출권거래제(ETS)의 운영평가와 개선방안에 관한 연구",『산업경제연구』35(4), 749-773.

- 김은영, 장동식, 2024. "배출권거래제(ETS) 운영의 주요국간 비교 연구",『무역통상학회지』24(1), 145-169.

- 남광희, 박용성, 2024, "온실가스 배출권거래제 정책형성과정에 관한 연구 – 정책중개자의 역할을 중심으로",『인문사회과학연구』 25(3), 587-631.

- 마크 매슬린, 2023,『기후변화(신봉아 역)』, ㈜교유당.

- 박수경, 박순철, 송철호, 임철희, 이수정, 이우균, 2018, "한·중 배출권거래제 연계를 위한 설계요소 및 장애요인 분석",『Journal of Climate Change Research』9(4), 471-485.

- 박슬기, 심창용, 2024, "EU 탄소국경조정제도(CBAM) 도입배경과 이행 쟁점 분석",『관세무역연구』1(4), 113-134.

- 신범식, 신상범, 이재현, 한희진, 박혜윤, 이혜경, 조정원, 김성진, 정하윤, 이태동, 2021,『지구환경정치의 이해』, ㈜사회평론아카데미.

- 안영환, 정성춘, 2014,『동북아 탄소시장 협력방안 연구: 한중일 탄소시장 연계를 중심으로』, 대외경제정책연구원.

- 이가용,김현, 2022, "미국의 파리협정 가입 및 탈퇴 요인 분석: 오바마 행정부와 트럼프 행정부 사례",『한국과 국제사회』6(4), 417-442.

- 이동규, 2022, "환경정책이자 통상정책인 EU의 탄소국경조정제도", 나라경제 22(3).

- 이상엽, 임형우, 신동원, 류소현, 2022, 『국내 배출권거래제 쟁점과 과제』, 한국환경연구원.

- 이창수, 2013, 『포스트 교토체제하 배출권거래제의 국제적 연계』, 경인문화사.

- 이태동, 이재현, 이혜경, 신상범, 한희진, 조정원, 김성진, 고인환, 2019, 『기후변화와 세계정치』, ㈜사회평론아카데미.

- 이현출, 김민전, 최영빈, 2022, "유럽연합(EU)과 한국의 배출권거래제 비교연구: 탄소누출 대응을 중심으로", 『유라시아연구』 19(4), 29-52.

- 이현출, 문예찬, 최영빈, 2022, "파리협정 하 시장메카니즘 협상 타결과 정책적 함의", 『국제지역연구』 26(2), 95-122.

- 정서용, "파리 기후변화협정 상 국제시장메커니즘에 대한 검토", 『서울국제법연구』 25(2), 122-140.

- 정재현, 김다랑, 손다혜, 2020, 『주요국의 탄소 국경조정제도 도입논의에 대한 연구』, 한국조세재정연구원.

- 정회성, 2019, 변병설, 『환경정책론』, 박영사.

- 조경엽, 김영덕, 2015, "배출권거래제 국제연계의 경제적 효과 분석: EUETS와의 연계를 중심으로", 『무역연구』 11(42), 721-743.

- 조명래, 송동수, 윤종원, 김정인, 이소라, 변병설, 독고석, 하미나, 추장민, 문태훈, 이재영, 이태동, 2022, 『기후변화와 탄소중립』, 한울엠플러스(주).

- 최원기. 2017. "미국 트럼프 대통령의 파리 기후협정 탈퇴: 배경과 전망", 『주요 국제문제 분석』, 2017-2022.

- 최인호, 2021, "파리기후변화협약체제와 온실가스 감축목표의 이행", 『서울法學』 29(1), 267-314.

- 최인호, 2024, "제6조 시장메카니즘에 관한 파리이행규칙의 평가와 시사점", 『환경법과 정책』 32(1), 1-40.

- 추장민 외, 2019, 『한-중 탄소 배출권거래제 비교 및 협력방안 연구』, 대외경제정책연구원.

- 최재철, 박꽃님, 김찬우, 오진규, 김래현, 임서영, 박순철, 오대균, 김용건, 강주연, 정재희, 강정훈, 오채운, 정재혁, 강상인, 이재형, 유승직, 이수영, 이성조, 2020, 『파리협정의 이해』, ㈜박영사.

- 한국행정연구원, 2025, 『2025 OECD 규제정책전망 분석: 탄소중립과 사회적 가치 평가』.

- 한희진, 2023, 『기후변화의 국제정치』, 부산대학교출판문화원.

- 홍종호, 2023, 『기후 위기 부의 대전환』, 다산북스.

- 기후에너지환경부, 2025, 『2035 국가온실가스감축목표(NDC) 수립안』.

- 환경부 온실가스종합정보센터, 2024. 2024 국가 온실가스 인벤토리 보고서.

- Dales, J. H., 2002, "Pollution, Property and Prices: An Essay in Policy-making and Economics", Edward Elgar Publishing.

- GCB, 2025, Global Carbon Budget 25. https://globalcarbonbudget.org/gcb-2025/.

- ICAP, 2025, Emissions Trading Worldwide: Status Report 2025.

- IEA, 2021, Net Zero by 2050: A Roadmap for the Global Energy Sector.

— IEA, 2025, Energy Policy Review: Korea 2025.

— IEA, 2025, World Energy Outlook 2025.

— International Monetary Fund, 2023, Fiscal Monitor: Climate Crossroads: Fiscal Policies in a Warming World.

— IPCC. 2021, Climate Change 2021: The Physical Science Basis. Contribution of Working Group I to the Sixth Assessment Report of the Intergovernmental Panel on Climate Change.

— Ember, 2024, Global Electricity Review 2024. https://ember-climate.org/insights/research/global-electricity-review-2024/

— European Commission, 2024, The European Green Deal Investment Plan: Progress Report.

— Ewing, J., 2016, Introduction: Incentivies an d Impediments to Carbon Market Cooperation in Northeast Asia, In Roadmap to a Northeast Asian Carbon Market, Asian Society Policy Institute.

— Keohane, R. O., 1984, After Hegemony: Cooperation and Discord in the World Political Economy, Princeton University Press.

— Hardin, G., 1968, "The Tragedy of the Commons", Science 162, 1243-1248.

— Gillingham, K. & Stock, J. H., 2024, "The Cost of Reducing Greenhouse Gas Emissions", Journal of Economic Perspectives.

— Hasanbeigi, A., 2025, Steel Climate Impact 2025: An International Benchmarking of Energy and CO_2 Intensities, Global Efficiency Intelligence.

- Hegerl, G. C., & Zweirs, F.W., 2011, "Use of models in detection and attribution of climate change", Climate Change 2, 570-591. https://doi.org/10.1002/wcc.121.

- OECD, 1993, Taxation and the Environment: Complementary Policies, OECD Publishing. https://doi.org/10.1787/9789264162440-en.

- Rifkin, J., 2019, The Green New Deal: Why the Fossil Fuel Civilization will Collapse by 2028, and the Bold Economic Plan to Save Life on Earth, St. Martin's Press.

- Stern, NH, et al, 2006, Stern Review: The Economics of Climate Change, Cambridge University Press.

- UN, 1987, Report of the World Commission on Environment and Development : Our Common Future.

- Nordhaus, W. et al, 2018, "Modeling Uncertainty in Integrated Assessment of Climate Change: A Multimodel Comparison", J. of the Association of Environmental and Resource Economists 5(4), 791-826.

- WMO, 2025, The WMO Global Annual to Decadal Climate Update (2025-2029).

- World Bank, 2025, State and Trends of Carbon Pricing 2025. https://doi.org/10.1596/978-1-4648-2255-1.

- WRI & WBCSD, 2004, The Greenhouse Gas Protocol: A Corporate Accounting and Reporting Standard (Revised Edition), World Resources Institute and World Business Council for Sustainable Development.